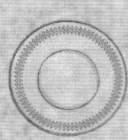   

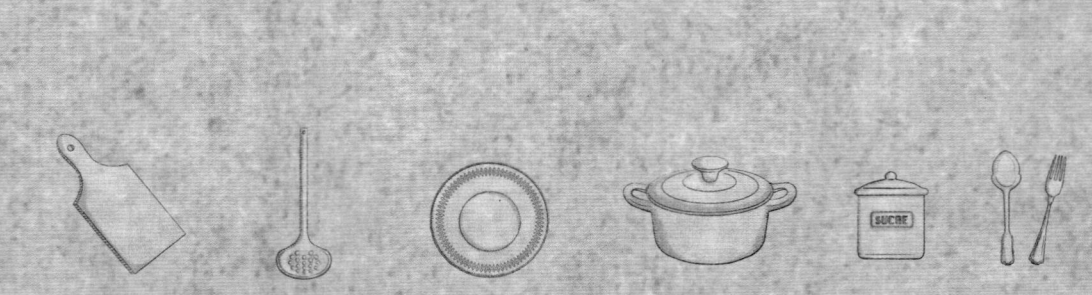

싱글 테이블

간단해서 더 맛있는 디자이너의 레시피

싱글 테이블

김소현 지음

Single Table

버튼북스

PROLOGUE

시간에 쫓겨 놓치는 아침밥, 늦잠을 자고난 주말의 브런치
식사 뒤 당기는 달콤한 디저트, 늦은 퇴근 후에 즐기는 야식
주변에 혼자 사는 사람들을 보면 대부분 끼니를 거르거나 외식으로 해결합니다.

반면 저는 어릴 때부터 요리를 좋아했어요.
주말이면 친구들까지 불러 근사한 브런치를 즐기고
회사에서 당 떨어지는 순간에는 몇 가지 재료들로 달콤한 디저트를 만들어
저뿐만 아니라 주변 사람들을 행복하게 해주는
조금은 특별하고 감사한 재주가 있습니다.

그런 저도 여느 싱글들 못지않게 복잡하고 어려운 레시피보다는
간단하고 쉬운 레시피를 좋아하고
남아서 쓰레기통으로 직행하는 식재료를 아까워합니다.
참고로 음식물 쓰레기 버리기는 가장 싫어하는 집안일이에요.
감사하게도 요즘 1인 가구가 늘며
소량 포장된 야채, 씻어 나온 야채, 곧바로 조리할 수 있는 식재료가
마트 곳곳에 참 풍성하게 비치되어 있더라고요.

이 아이들을 적극 활용하기를 권합니다.
여기에 굴소스, 두반장, 쯔유 등 마법의 소스만 구비해두면
그럴듯한 외국 요리도 아주 쉽게 완성할 수 있어요.

혼자 밥을 먹을 때 제가 중요하게 생각하는 건
보기 좋은 떡이 먹기도 좋다는 것,
그리고 어렵고 복잡하지 않아야 한다는 거예요.
그런 저의 마음을 오롯이 담아
싱글들의 테이블이 조금 더 맛있고 아름답기를 바라며
이 책을 펴내게 되었답니다.

어렵다고 생각하지 말고 도전해보기를 권해요.
혼자라고 끼니를 거르거나 대충 먹지 마세요.
혼자 먹더라도 예쁜 그릇에 예쁘게 담아 드세요.
그게 나를 더 사랑하는 일이고,
나의 생활을 더 풍요롭게 해주는 일이 될 거예요.

나는 소중하니까요!

맛있게 먹으면
0칼로리

차례

1

MY JOB,
VMD

VMD로
일한다는 것

VMD는 Visual Merchandiser의 약자입니다.
처음에 이 일을 시작할 땐
저도 제가 하는 일을 정의내리기 힘들었어요.
회사 사람들끼리 농담 삼아 얘기할 땐
가족들도 우리가 하는 일을 정확히 모른다고 얘기할 정도예요.
아무래도 워낙 일하는 범위가 넓고 다양해서 그런 거 같아요.

MD(merchandiser)라는 직업은 많이 들어 보셨을 텐데요.
MD는 트렌드에 맞는 제품이나 상품을 기획하는 사람이죠.
반면에 VMD는 콘셉트에 맞게 상품이 시각적으로 돋보일 수 있도록
표현해주는 일을 하는 사람들이라고 볼 수 있어요.
표현해줄 대상은 상품이 될 수도 있고 공간이 될 수도 있고요.

더 쉽게 얘기하자면 꾸며주는 일!
데코레이터, 디스플레이어, 스타일리스트
다 비슷한 일을 한다고 생각하셔도 될 것 같아요.
언제나 더 예쁘고 아름답고 보기 좋은 것에
집착할 수밖에 없는 직업인 거죠.
그래서 요리를 할 때도 비주얼을 중요하게 생각한답니다.

뷰티 김밥

소풍 날에나 먹었던 김밥을
요즘에는 참 다양한 프랜차이즈에서 팔고 있습니다.
고급 재료를 이용한 곳, 엄마 손맛이 나는 집 등
다양한 스타일의 김밥을 쉽게 사 먹을 수 있죠.
그래서 저도 분식집 김밥에 여러 가지 고명을 얹어
어디에도 없는 고급 김밥을 만들어 보았어요.
집들이용으로 강추하고 싶은 레시피입니다.

재료
야채김밥 1줄
누드김밥 1줄
훈제 연어 10조각
케이퍼 약간
아보카도 1/2개
후추 약간
명란젓 1개
쪽파 혹은 깻잎 약간
크림치즈 1T

1   먼저 김밥에 올려줄 고명을 준비한다.
    훈제 연어는 두 조각을 겹쳐 롤 형태로 말아준다.
    아보카도는 사방 0.5cm 크기로 깍뚝썰기한다.
    명란젓은 1cm 간격으로 잘라 앞뒤로 골고루 구워준다.

2   플랫하고 길쭉한 접시 두 개를 준비한다.

3   접시에 야채김밥과 누드김밥을 한 줄씩 담아준다.

4   연어 롤과 케이퍼 두세 알, 구운 명란젓과 쪽파,
    아보카도와 후추, 크림치즈를 김밥에 나란히 올려준다.

5   보기에 좋고 손님상에 내기에 더 좋은 김밥이 완성된다.
    기호에 따라 다양한 고명을 올려 먹는다.

제가 좋아하는 식재료를 고명으로 활용해
하나씩 올려주었을 뿐인데
보기에도 정성스럽고 고급스러운 메뉴가 완성됩니다.
비주얼만큼 맛도 훌륭한데요.
참치, 새우튀김, 돈가스 등
시중에 파는 김밥의 메인 재료를 고명으로 얹어보세요.
나만의 뷰티 김밥이 완성됩니다!

치즈 떡볶이

김밥을 먹을 때 빠지면 너무 섭섭한 메뉴가 있습니다.
국민 간식 떡볶이인데요.
분식집에서 호기롭게 김밥과 떡볶이를 포장해오면
꼭 떡볶이는 조금씩 남기게 되더라고요.
이럴 때 피자 치즈만 올려서 전자레인지에
휙, 돌려주세요.

재료
분식집 떡볶이 1인분
피자 치즈 5~7T

1 전자레인지 사용 가능한 그릇에 떡볶이를 담는다.
2 피자 치즈를 솔솔 뿌려 올려준다.
3 전자레인지에 3분 정도 돌려준다.

크림소스 떡볶이

매운 떡볶이만 먹기 질릴 때,
고소한 크림소스가 마구마구 당길 때,
아주 간단하게 만들어 먹을 수 있는 레시피에요.
간단하지만 보기에도 먹음직스럽고
맛보면 흐뭇하기까지 한 크림소스 떡볶이.
소스에 빵까지 찍어 먹으면
이탈리안 레스토랑 부럽지 않답니다.

재료
시판 크림소스 6T
떡볶이 떡 1인분
베이컨 3줄
양파 1/2개
마늘 5개
후추 약간
파슬리 가루 약간
올리브오일 약간
우유 종이컵 1컵

1 떡볶이 떡은 물에 15분 정도 불려준다.

2 양파와 베이컨은 먹기 적당한 사이즈로 자른다.

3 마늘은 슬라이스 해준다.

4 달궈진 프라이팬에 올리브오일을 둘러주고 슬라이스한
   마늘이 노랗게 익을 때까지 볶아준다.

5 양파와 베이컨을 넣어 함께 볶아준다.

6 시판 크림소스와 불려놓은 떡볶이를 넣어 끓여준다.

7 소스가 떡볶이에 잘 배어들면 예쁜 그릇에 담아 후추와
   파슬리 가루를 솔솔 뿌려 먹는다.

새콤달콤 비빔만두

학창시절 단골 분식집은
누구나 간직하고 있을 법한 추억의 장소죠.
저의 경우, 분식집 메뉴 중에
비빔만두의 맛을 잊을 수 없어요.
이제는 자주 가지 못하니 직접 만들어 먹고 있는데요.
그 메뉴를 여러분께도 공개합니다.

재료
시판 비빔장 5T
냉동 군만두 1인분
양파 1/4개
야채 믹스 5T
깻잎 5장
식용유 약간

1 식용유를 두른 프라이팬에 군만두를 바삭하게
   구워준다.

2 양파, 깻잎을 채썰어준다.

3 채썬 야채와 야채 믹스에 비빔장을 뿌려 버무려준다.

4 잘 구워진 만두를 접시에 예쁘게 담고, 3을 소복이
   올려 담아준다.

콩나물 쫄면

아삭아삭 씹히는 맛

김밥, 떡볶이, 만두 같은 분식류를 사랑하지만
그중에서도 저의 베스트 메뉴는 바로 쫄면!
특히 콩나물을 넣어 먹으면 아삭아삭 씹히는
식감이 더해져 더욱 맛있게 즐길 수 있는데요.
손 많이 갈 것처럼 느껴지지만
혼자 사는 사람들에게 사랑받는 시판 제품만 있다면
초스피드로 맛깔나게 완성할 수 있습니다.

재료
시판 쫄면 1인분
시판 비빔장 2T
콩나물 한 줌
양파 1/4개
야채 믹스 5T
깻잎 5장
참기름 약간

1   물이 끓는 냄비에 소금을 살짝 넣고 콩나물을 삶아준다.

2   콩나물이 아삭하게 익었을 때 채에 건져서 찬물에
    헹궈준다.

3   면을 삶아서 찬물에 빨래하듯 씻어준다.

4   면 끓이는 시간 동안 양파와 깻잎을 채썰어준다.

5   면과 4, 콩나물에 양념과 시판 비빔장을 넣어
    버무려준다.

6   참기름을 몇 방울 떨어뜨려 예쁘게 담아내면 완성!

콩나물이 아삭한 쫄면을 가장 좋아하지만
어떤 재료를 더하느냐에 따라
맛과 비주얼은 천차만별!
제철 맞은 수박을 올려주면
매콤한 맛을 눌러주는 달콤한 쫄면이,
파채와 골뱅이를 잔뜩 올려주면
술안주로 인기만점인 골뱅이 쫄면이 완성됩니다.
김밥과 함께라면 든든한 한 끼 식사로 손색없겠죠?

내가
일하는 곳

제가 일하는 곳이 처음에는 사무실 용도로 지어진 게 아니었어요.
요리가 가능한 스튜디오로 지어진 곳이어서
넓은 일자형 싱크대와 인덕션까지 잘 갖춰져 있지요.
그런데 사무실로 사용하면서
웬만한 주방 부럽지 않은 넓은 키친을 덩달아 갖게 되었답니다.
싱크대 뒤쪽으로 널찍한 아일랜드 테이블이 있고
우리가 일하는 책상들이 아일랜드 테이블 바로 건너편에 있어서
일을 하다가 요리를 하다가, 왔다 갔다가 가능한 구조예요.
천장도 높고 창도 커서 일할 맛도 나고 요리할 맛도 나는 곳이죠.
하루 종일 컴퓨터 앞에만 앉아서 일하는 경우가 대부분이지만
크리스마스 시즌이 되면 넓었던 사무실에 짐이 한가득 쌓이고,
일을 도와주러 오시는 분들도 많아지는데요.
몸이 고생하는 시즌이다 보니 농사일 하시는 분들이 참을 챙겨 드시는 것처럼
저희도 퇴근 무렵이 다가오면 다들 허기져 해요.
그런 날이면 이른 오후에도 뭔가 달달한 디저트를 몸이 간절히 원할 때가 있잖아요.
아이스크림 위에 쿠키를 갈아 얹기도 하고, 요구르트에 꿀을 섞어 당을 보충해줍니다.
얼린 베이글을 해동해 크림치즈를 발라 먹거나 샌드위치로 만들어 먹기도 해요.
떡볶이도 해먹고, 잔치국수도 해먹고, 부침개도 해먹죠.
바쁜 와중에 요리 할 시간이 어디 있냐 싶지만
회사 주변에 사먹을 곳도 배달시켜 먹을 곳도 없어서 해먹는 경우가 대부분이에요.
일하다가 간식 만들어 먹으며 수다도 떨고 쉬는 게
바쁜 시즌의 소소한 행복이랍니다.

베이글 피자

냉장고에 베이글과 피자 치즈, 토마토소스,
모차렐라 치즈가 있으면 종종 해 먹는 베이글 피자!
도우를 만들지 않아도 돼서 쉽고,
샌드위치처럼 먹기도 간편한 간식이랍니다.
사진은 각각 베이컨과 양송이버섯을 볶아서,
올리브를 잘라서, 바질을 씻어서 올려준 모습이에요.
토마토소스와 치즈만 넣은 것보다 훨씬 풍부한 맛을 낸답니다.

재료

베이글 반쪽
토마토소스 3T
모차렐라 치즈 2T
파슬리 가루 약간
버터 1t

1　베이글을 반으로 갈라 안쪽에 버터를 발라준다.

2　토마토소스를 베이글 위에 골고루 올려준다.

3　모차렐라 치즈를 솔솔 뿌려준다.

4　180도 오븐에 10분 정도 구워준다.

5　구워져 나온 베이글 피자 위에 파슬리 가루를 뿌려준다.

베이컨, 양파, 피망, 버섯이 있다면
잘게 다져서 볶아 같이 올려도 좋아요.
오븐마다 구워지는 정도가 조금씩 다르니까
치즈가 녹아 노릇노릇해지면 꺼내주세요.
베이글은 사무실에 항상 비치해둬요.
꼭 피자가 아니어도 냉장고에 있는 다양한 재료들 이용해서
맛있게 먹을 수 있는 레시피를 몇 가지 더 알려드릴게요.
간식으로도 좋지만 아침 식사로도 훌륭하답니다.

• 구운 슬라이스 햄과 스크램블 에그를 올려서 후추를 톨톨 뿌려준다.

• 소금, 후추로 간한 불고기에 스테이크 소스를 살짝 뿌리고 구운 후
  체다 치즈를 올려서 전자레인지에 돌려 녹여준다.

• 바질 페스토를 바른 후 구운 토마토를 올려서 후추를 솔솔 뿌려준다.

• 잘게 썬 아보카도와 훈제 연어를 올리고 소금, 후추를 뿌려준다.

• 치즈를 깔고 구운 토마토를 올리고 달걀 프라이를 올려준다.

• 아보카도를 으깨서 올리고 토마토와 생모차렐라 치즈를 썰어서
  올려준 후 소금, 후추를 뿌려준다.

또, 경험상 베이글은 조직이 단단해서
여러 가지 토핑을 올려 먹어도
눅눅해지지 않는 장점이 있는 것 같아요.
그래서 저는 식빵보다 베이글을 좋아합니다.
모양도 동글동글 귀여워서 제 장바구니 단골손님이에요.

시금치 컵피자

미니 오븐에 딱 들어가는
6개짜리 머핀 틀이 있는데,
저는 여기에 머핀보다 더 만들기 쉬운
피자를 만들어 먹습니다.
도우는 만두피로, 속재료는 내 맘대로 골라 넣죠.
미니 사이즈라 자꾸 손이 가요.

재료
왕만두피 6장
모차렐라 치즈 12T
토마토소스 6T
양파 1개
피망 1개
시금치 한 줌
다진 마늘 1T
파슬리 가루 약간
식용유 약간

1 양파, 피망을 사방 1cm 정도로 깍뚝썰기한다.

2 시금치를 끓는 물에 살짝 데쳐 잘게 썰어준다.

3 식용유를 두른 프라이팬에 2의 시금치와 다진 마늘을 넣고 살짝 볶아준다.

4 시금치를 그릇에 덜고 양파와 피망을 넣어 소금, 후추를 뿌려 볶아준다.

5 머핀 틀에 식용유를 살짝 발라주고 왕만두피를 그릇 모양으로 만들어 넣어준다.

6 안쪽에 모차렐라 치즈를 뿌리고 볶은 야채, 토마토소스, 볶은 시금치를 올려준다.

7 마무리로 모차렐라 치즈와 파슬리 가루를 뿌려준다.

8 180도 오븐에서 15분 정도 구워준다.

야채를 볶을 때 물기 없이 볶아줘야 맛있는 피자가 완성돼요.
야채는 취향에 맞게 집에 있는 걸로 대체 가능하고,
만두피 대신 식빵이나 토르티야를 사용해도 되죠.
바질이 있다면 위에 살짝 올려주세요.
비주얼도 살고 풍미도 깊어집니다.
시금치 데치기가 번거롭다면
깨끗이 씻은 시금치를 채 위에 올려두고
포트에 팔팔 끓인 물을 부어주면 끝!
손님이 오셨을 때 만들면 간단하고 예쁜 핑거 푸드로 제격이에요.
7번 과정까지 여러 개 만들어두고 냉동실에 보관하다가
한 개씩 꺼내서 오븐에 익혀 먹어도 맛있어요.

햄 꽃 피 자

유난히 꽃을 좋아하는 제가
TV를 보다가 햄으로 꽃을 만드는 걸 보고
한눈에 반해버렸어요.
햄을 아낌없이 돌돌 말아주기만 하면
꽃다발 같은 피자가 완성돼요.
최고의 맥주 안주를 맛볼 수 있답니다.

재료

케이크 틀
토르티야 1장
슬라이스 햄 3팩
모차렐라 치즈 6T
토마토소스 1/2컵
양파 1/3개
피망 1/2개
소금, 후추 약간
식용유 약간

1   양파, 피망을 사방 1cm 정도로 깍뚝썰기한다.

2   프라이팬에 식용유를 두르고 1, 소금, 후추를 살짝 넣고
    물기가 없어질 때까지 볶아준다.

3   케이크 틀에 오일을 살짝 발라주고 토르티야를 그릇
    모양으로 깔아준다.

4   모차렐라 치즈를 깔고 2를 올려준다.

5   정사각형 모양의 슬라이스 햄을 통째로 꺼내서 절반을
    잘라 돌돌 말아준다.

6   5를 4 위에 꽉 차도록 올려준다.

7   180도 오븐에 10분 정도 구워준다.

갓 구운 마늘빵

빵은 갓 구웠을 때 최고의 풍미를 자랑하죠.
집에서 제빵을 하기는 번거롭지만
마늘빵은 간단하면서 갓 나온 빵처럼
촉촉하고 바삭한 맛을 느낄 수 있게 해줘요.
손님이 오면 이탈리안 요리와 함께 내기 좋고
수프와 곁들여 먹는 간단한 끼니로도 좋아요.

재료

바게트 크게 3조각
다진 마늘 2T
버터 2T
파슬리 가루 약간

1   버터와 다진 마늘을 잘 섞어 전자레인지에 30초
    돌려준다.

2   1을 바게트 위에 골고루 바르고 파슬리 가루를
    뿌려준다.

3   180도 오븐에 10분 정도, 겉면이 노릇노릇해질
    때까지 구워준다.

애플 만두

만두피가 바삭하고 고소한 피자 도우로 변신한
시금치 피자를 기억하시나요?
이번에는 집에서 만들기 어려운 파이지를
만두피로 대체한 메뉴를 알려드리려 해요.
포크로 끝부분을 꾹꾹 눌러 모양을 내면
통통하고 사랑스런 모양의 애플 만두가 완성됩니다.

재료

왕만두피 5장
사과 2개
설탕 8T
계핏가루 4T
버터 1T
달걀 1개

1 사과를 1cm 큐브 모양으로 썰어준다.

2 프라이팬에 버터, 사과, 설탕, 계핏가루를 넣어준다.

3 약한 불로 졸여준다.

4 간을 보고 당도를 조절하며 졸이다가 갈색이 나면 불을 끄고 식혀준다.

5 달걀흰자와 노른자를 분리해서 풀어준다.

6 만두피 2장을 준비해서 1장의 가장자리에 달걀흰자를 발라주고, 만들어 놓은 사과 조림을 안에 넣고, 나머지 1장을 덮어서 만두 빚듯이 만들어준다.

7 그렇게 여러 개 만들어놓은 애플 만두를 오븐 팬에 올려놓고 달걀 노른자를 윗면에 발라준다.

8 180도 오븐에 15분 정도 구워준다. 속재료가 다 익었기 때문에 만두피만 노릇하게 익으면 꺼내준다.

처음 애플파이를 만들었을 때가 생각납니다.
빵빵하게 부풀어오른 중국 호떡 맛 아시죠?
계피향 때문인지 그 맛이 나는 것 같아
별미라고 재미있어하며 먹었어요.
만들기 쉽고 모양도 예뻐서 선물하기도 좋아요.
안에 들어가는 사과 조림만 준비되어 있다면
만두피 안에 넣고 구워주기만 해도 완성!
초간단 애플 만두의 매력을 느껴보세요.

❸

**MY
VARIETY
RECIPES**

한 가지 재료의
놀라운 변신

처음 시작은 제 생일 때였는데요.
작고 새하얀 생크림 케이크와 꽃을 선물받았어요.
번뜩! 이 아무것도 없는 케이크 위에
꽃잎을 뜯어서 커다란 꽃 한 송이를 만들면 어떻게 될까?
하는 생각이 들어서 바로 시도했습니다.
생각했던 것보다 반응은 훨씬 뜨거웠어요.
하나뿐이기 때문에 특별한 케이크도 되고, 다양하게 연출할 수도 있고요.
그래서 그 뒤로 친구나 회사 식구들의 생일이 되면 종종 만들어주는데요.
받는 사람들도 너무 좋아해줘서 저도 덩달아 행복해지는 케이크랍니다.
그리고 집에서도, 친구들을 만나도, 회사에서도, 생일이라고 큰 케이크를 사면
다 먹지도 못하고 냉장고에 오래도록 있다가 버리게 되더라고요.
근데 이 작은 생크림 케이크는 바로 다 먹을 수 있게 사이즈도 딱 좋답니다.
각자의 취향에 따라 다양하게 연출하면
세상에 단 하나밖에 없는 케이크를 여러분도 만들 수 있어요.

이렇게 케이크를 변신시키는 것처럼
예쁘게 먹기 위한 약간의 팁과 노력이 있다면
여러분의 삶이 한층 더 아름다워질 거라고 생각해요.
제가 전문 요리사는 아니지만 VMD 디자이너라는 직업적 특성과
요리를 좋아하는 마음으로 시작된 저의 예쁘게 먹기가
여러분의 삶에도 작은 행복을 드릴 수 있기를 바랍니다.
이 책을 통해 공개한, 제가 알고 있는 소소한 팁을 마구마구 활용해보세요.

꽃 케이크

카페에서는 조각 케이크를 뚝딱 잘도 먹지만
집이나 회사에서는 꼭 케이크를 남기게 되더라고요.
그래서 저는 미니케이크를 더 자주 사용하는데요.
미니케이크를 다양한 방식으로 꾸며주면
세상에서 하나뿐인 특별한 케이크가 완성됩니다.
선물하는 저도 행복하고 받는 사람도
더 큰 행복함을 오래도록 간직할 수 있는
케이크 데코레이션 팁을 공개할게요.

재료
파리바케트 순수 우유 미니케이크
다양한 종류의 꽃

1 케이크 위에 큰 꽃 한 송이를 꽂는다고 생각하고
   꽃의 가장자리 잎을 한 장씩 떼어내 꽃잎 모양이
   살도록 꽂아준다.

2 바깥쪽에서 안쪽으로 꽂아주면서 꽃 모양을
   만들어준다.

3 중심 부분이 남았을 때 남은 꽃봉오리쪽을 손으로
   잘라내 통째로 중앙에 꽂아준다.

꽃은 되도록이면 싱싱하고
잎이 상하지 않은 것으로 골라줘야 해요.
꽃잎이 활짝 필수록 흰 케이크를 채우기에 부족함이 없으니
꽃잎이 많은 꽃 종류라면 더욱 좋겠죠?
프리저브드 플라워(약품 처리해서 시들지 않는 꽃)로
케이크를 만들어주면
먹기에 아까울 정도로 아름다운
꽃 케이크가 완성됩니다.

꽃 케이크 역시 이 책의 다른 메뉴들처럼
활용도가 무궁무진한데요.
꽃은 종류가 다양하고, 또 같은 종류라고 해도
컬러가 다를 수 있기 때문이죠.
선물받는 사람이 좋아하는 꽃으로 꾸며주면
더욱 센스 만점 선물이 완성되겠죠?

예쁘게 활짝 핀 꽃 한 송이를 고르고
늘 들르는 베이커리에서 미니 케이크를 사서
생일인 친구를 축하해주러 가는 길.
그 발걸음은 언제나 행복으로 가득합니다.
어버이날엔 카네이션을 한 아름 꽂아보고
기념일엔 아름다운 꽃말을 가진 꽃을 골라보세요.
이 자그만 케이크 하나와 꽃 몇 송이가
특별한 하루를 더욱 기분 좋게 만들어줄 거예요.

초코 머핀 케이크

커피 없이 머핀 한 개를 다 먹기에는
약간 퍽퍽한 감이 없지 않은데요.
머핀을 예쁜 미니케이크로 변신시킬 방법을 소개합니다.
좀 더 부드럽고 촉촉하게 먹을 수 있어요.
미니 생일 케이크로도 안성맞춤이에요.

재료
초코 머핀 1개
믹스베리 한 줌
생크림 스프레이 1개

1   초코 머핀을 3등분해준다.

2   맨 아래 머핀의 윗면에 생크림을 바르고
    믹스베리를 올린 뒤 가운데 머핀에 이 과정을
    한 번 더 반복해서 준다.

3   남은 머핀 한 장을 덮고 중앙에 생크림을 올린 후
    과일로 데커레이션해준다.

과일 팬케이크

요즘 브런치 레스토랑이나 디저트를 파는 카페에서
팬케이크를 활용한 메뉴를 많이 접할 수 있는데요.
팬케이크는 시중에 믹스 제품이 많이 나와 있어
집에서도 쉽게 만들 수 있어요.
플레이팅만 잘한다면
집에서도 카페 못지않은 디저트 메뉴를 만들 수 있어요.

재료
팬케이크 반죽 세트
아이스크림 2~3T
(엑설런트 2~3개)
딸기 5~7개
초콜릿 과자 1개
(키켓)
견과류 약간
파우더 슈거 1T
식용유 약간

1   시판 팬케이크 믹스 레시피를 따라 팬케이크를
    구워준다.

2   구운 팬케이크를 위로 쭉쭉 쌓아 올려준다.

3   딸기를 썰어 가득히 올려주고 중심 부분에 바닐라
    아이스크림을 올려준다.

4   씹히는 맛을 위해 견과류나 초콜릿을 잘게 썰어
    뿌려준다.

5   팬케이크의 완성, 파우더 슈거를 솔솔 뿌려준다.
    메이플 시럽이 있다면 곁들여도 좋다.

살짝 팁을 드리자면 과일은 아무거나 사용해도 되지만
될 수 있으면 물기가 많지 않은 과일로 선택하세요.
올렸을 때 레드 컬러가 먹음직스럽고 예쁘기 때문에
저는 각종 베리류를 자주 사용합니다.
아이스크림을 올릴 땐 동글동글한 모양으로
예쁘게 올리는 것도 물론 중요하지만 모양을 내기가 어렵죠.
그럴 땐 네모난 엑설런트를 무심한 듯 올려줘도
아주 간편하고 먹음직스러워요.

팬케이크를 잘 굽는 건
맛있는 과일 팬케이크의 기본이겠죠.
프라이팬에 식용유를 아주 소량 떨군 뒤
아깝다 생각 말고 키친타월로 슥슥 문질러 닦아주세요.
남아 있는 기름기 때문에
팬에 팬케이크가 달라붙지 않게 구울 수 있을 거예요.
자주 뒤집기보다는 인내심을 가지고 오래 기다리다가
반죽 면에 물기가 사라지고 굳어간다 싶을 때
한 번 뒤집어주면 노릇노릇 맛깔스러운 색도 낼 수 있어요.

집에서 만드는 디저트의 장점은
앞에서 만든 다른 요리들과 마찬가지로
재료를 무한 리필할 수 있다는 점!
딸기, 초콜릿 과자, 생크림 등 원하는 재료를
쌓아 올린 팬케이크 한 층을 먹을 때마다
마음껏 리필해보세요.
마지막 한 장까지 맛있게 드실 수 있답니다.

베이비 슈 케이크

아이 백일이나 돌잔치처럼
크고 작은 파티를 위해 사람들이 많이 모이는 날
베이비 슈로 개성 있는 나만의 케이크를 만들어
기념일을 축하해보세요.
베이비 슈는 하나씩 나누어 먹기에도 간편하답니다.
장식용 꽃은 딸기나 바나나 등 과일로 대체할 수 있어요.

재료
베이비 슈 20개
스프레이 샌크림 1개
파우더 슈거 1T
생화

1   생화는 꽃송이만 짧게 남기고 잘라서 준비한다.

2   기울기가 없는 평평한 원형 트레이나 접시를 준비한다.

3   접시 정중앙에 슈를 한 개 놓고 주변으로 동그란 모양을
    만들면서 슈를 둘러주고 위로도 쌓아준다.

4   산모양이 된 슈와 슈 사이 빈 공간을 스프레이
    샌크림으로 채워준 후 생화를 꽂아준다.

5   파우더 슈거를 베이비 슈 케이크 전체에 솔솔 뿌려준다.

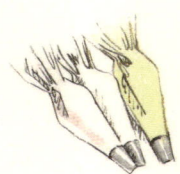

해피 베리 치즈 케이크

치즈 케이크의 상큼한 변신

그냥 치즈 케이크도 맛있지만
기분 내고 싶은 날에 다양한 과일 토핑과
아이스크림으로 화려한 플레이팅을 해보세요.
특별한 날 가족이나 친구를 위한
선물 같은 케이크가 될 거예요.
큰 치즈 케이크보다는 미니 치즈 케이크나
조각 치즈 케이크를 활용해보세요.

재료

미니 치즈 케이크 1개
딸기, 블루베리 또는
믹스베리 한 줌
블루베리 콤포트 2T
바닐라 아이스크림
1스쿱

1 케이크를 접시 가운데에 올려놓는다.

2 블루베리 콤포트를 케이크 1/3 지점에 길게 얹어준다.

3 과일을 먹기 좋은 크기로 썰어 올려준다.

4 빈 공간에 바닐라 아이스크림을 올려준다.

비슷한 메뉴를 하나 더 소개합니다.
조각으로도, 한 판으로도 파는
호두 타르트를 활용한 디저트인데요.
그냥 먹기 심심할 때나 손님이 왔을 때
활용도 만점인 바닐라 아이스크림과
생크림, 초콜릿 간 것만 올려주면
조금 더 화려한 비주얼과
달콤한 디저트 맛을 즐길 수 있어요.

유리병 속 티라미수

그냥 커피를 마시는 것보다는
티라미수를 즐겨 먹는데요.
집에서도 카페처럼 티라미수를 만들어 먹을 수 있어요.
블랙커피는 카누로, 마스카포네 치즈는 마트에서!
이렇게 재료만 마련해주면 됩니다.
만든 티라미수는 꼭 냉장고에 하루 정도,
시간이 없다면 한두 시간이라도 보관했다가 드세요.

재료
카스텔라 1개
블랙커피 믹스 2개
마스카포네 치즈
3스쿱
생크림 스프레이 1개
설탕 2T
코코아 파우더 2T

1 블랙커피에 뜨거운 물을 정량의 반 정도만 넣어 녹이고 식혀준다.

2 그릇에 차갑게 두었던 생크림과 마스카포네 치즈를 1:1로 넣고 설탕을 넣어 섞어준다.

3 카스텔라를 적당한 두께로 잘라 유리병 속에 넣어준다.

4 녹여둔 커피를 빵 위에 적시듯 발라준다.

5 그 위에 마스카포네 치즈를 올려준다.

6 다시 카스텔라를 올리고 커피를 적시듯 발라준다.

7 이 과정을 용기가 가득 찰 때까지 반복한 뒤 냉장고에 넣어서 차게 보관한다.

8 먹기 직전에 코코아 가루를 윗면 가득히 뿌려준다.

티라미수를 큰 접시에 세팅할 때와
사진처럼 작은 그릇에 담아낼 때
플레이팅 팁을 알려드릴게요.
작은 유리컵에는 아무래도 옆면에 잘 묻기 때문에
작은 숟가락을 이용해주는 게 좋습니다.
대신 레이어가 층층이 보여 떠먹는 재미가 있죠.
큰 접시에는 우선 코코아 파우더를 뿌려준 뒤
빵과 커피 그리고 치즈를 번갈아가며 올려주세요.
모양을 잡으려 하기보다는
판째로 만들어두고 퍼주는 현지의 느낌처럼
툭툭한 그대로의 멋을 살려보세요.

티라미수 아이스크림

티라미수는 케이크의 한 종류죠.
케이크에 아이스크림을 곁들여도
색다른 맛을 즐길 수 있는데요.
저는 커피와 녹차의 조합도 좋아해서
녹차 카스텔라에 녹차 파우더를 사용했어요.
바닐라 아이스크림 대신
녹차 아이스크림을 올려줘도 맛있어요.

재료
카스텔라 1/2개
블랙커피 믹스 1개
생크림 스프레이 1개
바닐라 아이스크림
1스쿱
그린티 파우더 1t

1 블랙커피에 뜨거운 물을 정량의 반 정도만 넣어 녹이고
   식혀준다.

2 플랫한 접시 위에 카스텔라를 올려준다.

3 빵에 커피가 촉촉히 스며들도록 발라준다.

4 바닐라 아이스크림과 생크림을 올려준다.

5 그린티 파우더를 솔솔 뿌려준다.

화려한 인테리어에 놀라고
소박한 브런치에 반하다

SOHO
MONDRIAN

뉴욕에 있는 소호 몬드리안 호텔에 묵은 적이 있어요.

호텔도 예뻤지만 1층에 있는 레스토랑이 인상적이었습니다.

큰 금속 프레임으로 건물을 만들고 천장 전체가 유리로 되어 있어

날씨와 시간에 따라서 다양한 분위기를 느낄 수 있었죠.

크고작은 화분에 키가 큰 식물들이 곳곳에 놓여서 있어서

마치 온실에 와 있는 듯한 기분도 들었습니다.

그럼에도 도시적이고 세련되다는 느낌이 들었던 건

가운데로 길게 위치한 바와 이 레스토랑의 압권이었던

대형 샹들리에가 반복적으로 매달려 있는 모습 때문이었는데요.

낮에는 가벼운 브런치나 식사가 가능한

따뜻한 느낌의 레스토랑이고,

밤이 되면 샹들리에 조명만으로도 조도가 조절되어

분위기 있는 바로 변신하는 멋진 공간이었습니다.

이곳에서 먹은 브런치는 익숙한 메뉴였는데요.

기본에 충실한 맛과 데커레이션이 인상 깊었어요.

책에서 소개하는 팬케이크나 요구르트도

이때 먹은 메뉴 스타일 그대로 연출했어요.

컬러풀 요구르트

요구르트에 과일을 곁들여 먹는 건
이미 모두 알고 계실 메뉴일 텐데요.
너무나 마음에 드는 우드 볼에
푸드 코디네이터처럼 요구르트를 담아봤어요.
소중한 나를 위해 아침을 챙겨 먹는 당신,
이왕이면 예쁜 그릇에 예쁘게 담아 드세요.
작은 유리 그릇에 만들어두고 아침마다 꺼내 먹어도 좋아요.

재료
플레인 요구르트 80g
(시판 1개 분량)
시리얼 2T
그래놀라 2T
각종 견과류 2T
원하는 과일 3T
꿀 혹은 메이플 시럽
1T

1   우드 볼이나 유리 그릇에 플레인 요구르트를 담아준다.
2   원하는 과일과 시리얼, 견과류를 예쁘게 올려준다.

조금 더 건강을 챙기고 싶은 날엔
꿀보다는 과일과 견과류 위주로 곁들여 드세요.
요즘은 시리얼에 말린 딸기나 바나나
혹은 고구마가 함께 들어 있는 제품도
많이 출시되어 있더라고요.
바쁘다고 거르기 쉬운 아침,
소중한 내 몸을 위해 10분만 투자해보세요.
예쁘게 차려 먹는 요구르트 한 그릇이
든든하고 기분 좋은 하루를 시작하게 해줄 거예요.

지글지글 오레오

달디 단 오레오로 만드는 디저트

제가 가장 좋아하는 디저트 아이템 중 하나가
바로 오레오인데요.
오레오를 그냥 먹으면 너무 달아 즐겨 먹지 않지만
디저트를 만들어 먹으면 맛있더라고요.
어느 레스토랑에서 먹어보고 그 맛에 반해
집에서 당장 해보고 싶었던 디저트를 소개합니다.

재료
오레오 10개
바닐라 아이스크림
1스쿱
버터 1T

1   지글지글 끓여도 괜찮은 작은 냄비를 준비한다.

2   오레오 가운데에 있는 크림을 제거해준다.

3   비닐봉지에 오레오 7개를 넣고 툭툭 쳐서 잘게 부숴준다.

4   비닐봉지에 오레오 3개를 넣고 툭툭 치고 굴려서
    고운 가루를 만들어준다.

5   냄비에 3과 버터를 넣고 불에 지글지글 끓이며 골고루
    섞다가 버터가 녹으면 불을 끄고 식혀준다.

6   아이스크림을 동그랗게 퍼서 올려준다.

7   4를 아이스크림 중앙에 뿌려준다.

오레오 5개와 아이스크림 3스쿱, 우유 한 컵을
믹서에 넣고 휘리릭 갈아주세요.
위에 오레오를 살짝 부수어 올려주면
비주얼과 칼로리 폭발 디저트가 완성!
단 게 몹시도 그리운 날 만들어보세요.
사 먹는 오레오 쉐이크보다 훨씬 더 맛있어요.

레이스 브라우니

패밀리 레스토랑의 시조라 할 수 있는 T.G.I.F에서
처음 아이스크림 올라간 브라우니를 먹었던 기억을
아직도 지울 수 없습니다.
뜨끈하게 데워진 브라우니에 너무나도 달콤한 아이스크림.
그 맛에 홀딱 반해 집에서도 자주 해먹는데요.
예쁜 무늬의 도일리 페이퍼가 있다면
더욱 먹음직스러운 디저트가 완성됩니다.

재료
시판 브라우니 1개
바닐라 아이스크림
1스쿱
접시 사이즈에 맞는
코코아 파우더 또는
파우더 슈거 1T
아몬드 슬라이스
약간
도일리 페이퍼 1장

1 플랫한 접시 가운데에 접시보다 작은 사이즈의
   도일리 페이퍼를 놓고 파우더 슈거를 솔솔 뿌린 후
   도일리 페이퍼를 조심히 들어낸다.

2 전자레인지에 20초 정도 돌려서 따뜻하게 준비한
   브라우니를 가운데에 올려준다.

3 바닐라 아이스크림을 동그랗게 퍼서 브라우니 위에
   올려준다.

4 아몬드 슬라이스를 뿌려준다.

레이스 모양을 좀 더 분명하게 표현하고 싶다면
대비되는 컬러를 활용해 보세요.
파우더 슈거를 뿌릴 때는
상대적으로 짙은 컬러의 접시를,
코코아 파우더가 도일리 페이퍼의 무늬를 잘 나타내게 하려면
화사한 컬러의 접시에 세팅하는 게 좋겠죠?

인절미 아이스크림

언젠가 사무실에 선물로 떡이 들어온 적이 있어요.
먹음직스러운 쑥떡이 포장되어 왔고
곁들여 먹는 콩고물도 함께 도착했지요.
쫄깃하고 고소한 인절미와
달콤한 아이스크림이 만나면 어떤 맛이 날까
저의 호기심이 발동했는데요.
어르신들도 좋아하는 아이스크림이 탄생했어요.

재료
인절미 또는 쑥떡 2개
콩가루 2T
아이스크림 1스쿱
꿀 1T

1   떡이 썰기 좋게 얼었을 때 한입 크기로 잘라서
    콩가루에 버무려준다.

2   접시에 콩가루를 채에 쳐서 골고루 뿌려준다.

3   아이스크림을 가운데에 올려준다.

4   썰어놓은 떡을 아이스크림 위로 뿌리고 꿀 한 스푼을
    골고루 떨어뜨려준다.

무한 리필 아이스크림

사무실 식구들 모두가 당 떨어진 날.
한 봉지 가득 사뒀던 로투스 쿠키와
냉장고와 냉동실에 보관 중이던
딸기와 바닐라 아이스크림을 믹스했죠.
다들 숟가락을 내려놓지 못해
자꾸 리필해 먹은 그 아이스크림이에요.

재료
바닐라 아이스크림
1스쿱
딸기 5개
(혹은 복숭아, 망고 등
제철 과일)
로투스 쿠키 3개
(혹은 일반 쿠키)

1   바닐라 아이스크림을 담아준다.

2   딸기와 로투스 쿠키를 잘게 다져 올려준다.

홈메이드 밀크티

한참 밀크티에 꽂혀 있던 시절이 있었답니다.

커피는 좋은 원두와 기계가 있어야 제 맛을 내죠.

반면 밀크티는 티백과 우유만 있으면 만들 수 있겠더라고요.

적당한 포만감도 줘서 빵과 함께 식사대용으로도 좋습니다.

사용하는 티백은 유명 카페의 티 라테 종류를 참고해보세요.

저는 잉글리시 블랙퍼스트, 얼그레이, 차이티 등을 추천합니다.

참, 설탕은 기호에 따라 조절해주세요.

재료
우유 200ml
잉글리시 블랙퍼스트,
얼그레이,
차이티 등
티백 1개
설탕 2T

1 머그잔에 티백이 잠길 만큼 우유를 따르고
   전자레인지에 1분 정도 돌려준다.

2 티백이 진하게 잘 우러나오면 티백을 꾹꾹 눌러서
   우려낸 후 빼낸다.

3 설탕을 넣어서 섞어준다.

4 머그컵에 우유를 80% 채워주고 전자레인지에 1분 30초
   정도 돌려준다.

5 스푼으로 잘 저어서 맛나게 마신다.

코코아 밀크티

밀크티를 더 달콤하게

따뜻한 밀크티도 좋지만 한여름엔 역시
아이스로 즐기는 게 제맛이죠.
아이스로 먹고 싶다면 3번까지는 그대로,
그다음엔 얼음을 가득 넣고 찬 우유를 부어주면 완성!
이 레시피를 활용한 코코아 밀크티도 소개해드릴게요.
추운 겨울에 밀크티를 마시다가 코코아랑 합치면
어떤 맛이 날까 궁금해 만들어보고
그때 반해서 여전히 애정하는 음료랍니다.

재료
우유 200ml
잉글리시 블랙퍼스트,
얼그레이,
차이티 등
티백 1개
코코아 가루 3T

1 머그잔에 티백이 잠길 만큼 우유를 따르고
   전자레인지에 1분 정도 돌려준다.

2 티백이 진하게 잘 우러나오면 티백을 꾹꾹
   눌러서 우려낸 후 빼낸다.

3 코코아 가루를 넣어서 섞어준다.

4 머그컵에 우유를 80% 채워주고 전자레인지에
   1분 30초 정도 돌려준다.

5 스푼으로 잘 저어서 맛나게 마신다.

세렌디피티 : 뜻밖의 발견, 운 좋게 발견한 것

영화〈세렌디피티〉에서 남녀 주인공이

프로즌 핫초콜릿을 먹으며 이야기를 나누던 카페.

이제는 뉴욕의 여행 코스로 더 유명한데요.

제가 찾아갔을 때도 워낙 관광객들이 많아

오랫동안 줄 서서 기다려야 했던 기억이 납니다.

다른 사람들이 다 영화 속 프로즌 핫 초콜릿을 마실 때

사진 속 디저트는 함께 간 뉴욕 유학 중인 동생이

다른 메뉴가 더 맛있다며 추천해줬어요.

지금껏 먹었던 디저트 중

최고의 비주얼에 최고의 칼로리를 자랑합니다.

저만의 레시피로 재탄생한 이 디저트.

맛이 없을 수 없는 조합입니다. 꼭 시도해보세요.

맛있게 먹으면 0칼로리라는 말만 기억하세요.

세렌디피티 디저트

영화 속 카페를 찾아가다

영화 세렌디피티에서 카페를 인상 깊게 봤어요.
뉴욕에 가보니 영화에 나온 곳이라 그런지
관광객들이 많더라고요.
추운 겨울에 무려 세 시간이나 밖에서 줄을 서야 했습니다.
그런데 기다린 시간이 아깝지 않을 만큼 맛있는 디저트였어요.
그때의 맛이 그리워서 만들어보았어요.

재료
브라우니 1개
생크림 스프레이 1통
아이스크림 2스쿱
초콜릿 칩 2T
초콜릿 튜브 1개

1 준비한 컵에 브라우니를 통째로 꽂아준다.

2 나머지 공간의 절반은 생크림, 절반은 바닐라
아이스크림으로 쌓아 올려준다.

3 초콜릿 큐브를 짜 올리고 초콜릿 칩을 뿌려준다.

일단 최강 비주얼을 보여주려면 넘쳐흘러야 하니까
입구가 크고 높이는 낮은 잔을 준비해주세요.
번거롭게 초콜릿을 중탕해 녹이면
뒤처리도 난감해지는데요.
저도 그 과정이 번거로워서
제과점을 찾아가 글씨 쓰는 초콜릿 튜브를 구입했어요.
원하는 방향대로 흘러넘치도록 뿌려주며
뉴욕에서 맛본 디저트의 감동스런 맛을 추억하곤 해요.

초콜릿 바나나 푸딩

잊을 수 없는 매그놀리아의 맛

출장으로 뉴욕에 갔을 때
바나나 푸딩을 먹기 위해 매그놀리아에 들렀어요.
테이크아웃해와서 그야말로 감동하며 먹느라
사진조차 남기지 못할 정도로 맛있었습니다.
이미 한국에도 여러 곳에 매장이 있지만
시판 제품 몇 가지만 활용하면
속된 말로 매그놀리아 뺨치는 푸딩,
누구나 쉽게 만들 수 있답니다.

재료
시판 초콜릿 푸딩 2개
오레오 5개
카스텔라 1조각
바나나 1개

1 오레오의 크림을 제거하고 1/4 정도 크기로 부숴준다.

2 바나나를 1cm 간격으로 잘라놓는다.

3 카스텔라를 오레오와 같은 크기로 잘라준다.

4 초콜릿 푸딩 1개를 바닥에 깔아준다.

5 카스텔라와 오레오, 바나나순으로 깔아준다.

6 남은 초콜릿 푸딩을 부어주고 냉장고에 하루 보관한 뒤 먹는다.

바나나만으로도
충분히 달콤한 푸딩을 만들 수 있어요.
초콜릿 푸딩 대신 일반 우유 푸딩에
오레오를 대신 버터 쿠키나 로투스 쿠키를 넣어주면 돼요.
급격한 스트레스로 당 충전이 필요할 때
한입만 먹어도 정신이 아득해질 정도로
달콤한 매그놀리아표 푸딩을 맛볼 수 있을 거예요.

아이스 아포가토

아이스커피와 아이스크림을 동시에

카페에서 종종 시켜먹던 아포가토는
뜨거운 에스프레소를 부어 먹어서
아이스크림이 금방 다 녹아버리죠.
끝까지 차가운 아이스크림을 맛보고 싶어
차게 식힌 커피로 아포가토를 만들어봤어요.

재료
블랙커피 믹스 1봉지
바닐라 아이스크림
1스쿱

1 블랙커피 믹스에 물을 정량의 1/3 정도만 넣어
   녹이고 뚜껑을 닫아 냉장고에 식혀준다.

2 오목한 그릇에 커피를 반 정도 따른 후
   아이스크림을 넣고 나머지 커피를 부어준다.

아포가토라고 해서
꼭 바닐라 아이스크림만을 고집할 필요는 없어요.
녹차맛 아이스크림에 진한 블랙커피를 부어주면
스타벅스에서 파는 그린티 라테에 샷 추가한
바로 그 맛이 납니다.
녹차맛 좋아하는 분들은 꼭 한 번 만들어보세요.
견과류나 초콜릿을 올려주는 센스도 잊지 마세요.

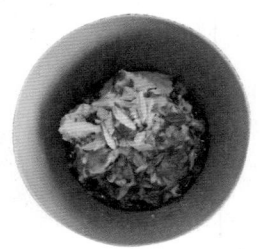

허니 버터 브레드

카페의 비주얼 그대로

허니 버터 브레드라는 메뉴가 한 카페에서 출시되었을 때
맛이 없을 수가 없는 메뉴라는 생각을 했어요.
따라하기도 정말 쉬울 것 같았죠.
제과점에서 파는 통식빵에 생크림을 높이 쌓아 올리고
시나몬 파우더도 듬뿍 뿌려주면
오히려 카페보다 맛있는 허니 버터 브레드 완성!

재료
통식빵 1덩어리
버터 1T
꿀 또는 메이플 시럽
2~3T
생크림 스프레이 1통
계핏가루 1T

1 통식빵을 깍뚝썰기하듯 잘리지 않을 정도로
   9등분해준다.

2 윗면에 버터를 골고루 펴 듬뿍 발라준다.

3 그 위에 꿀을 발라준다.

4 180도 오븐에 10분 정도 노릇노릇하게 구워준다.

5 마트에서 파는 생크림 스프레이를 잘 흔들어서
   식빵 위로 듬뿍 올려준다.

6 꿀을 둘러가며 뿌려주고, 계핏가루를 솔솔 뿌려준다.

아이스크림 샌드

동글동글 귀여운 모양의

아이스크림을 좋아하는 저는
아이스크림에 무엇이든 곁들여 먹습니다.
바삭한 쿠키와 달콤한 아이스크림을
함께 먹어도 잘 어울릴 것 같아
아이스크림 샌드를 만들어봤어요.
보기에도 앙증맞고 달달함 가득한 디저트랍니다.

재료
쿠키 2개
컵 아이스크림 1개

1 컵 아이스크림의 아랫부분을 칼로 잘라준다.

2 컵 아이스크림의 종이를 다 뜯어내 쿠키 위에
   올려준다.

3 나머지 쿠키를 아이스크림에 얹고 살짝 눌러준다.

잔디 위에 쇠똥구리

아이스크림에 과일이나 초콜릿, 생크림 등
다양한 토핑을 뿌려 먹는 걸 좋아하는데요.
이번에는 재미있는 스토리도 있고 맛도 있는
아이스크림 플레이팅이에요.
녹차를 좋아하는 친구에게 만들어주세요.

재료

그린티 파우더 2T
바닐라 아이스크림
1스쿱
그래놀라 8T
시리얼 4T
아몬드 슬라이스 3T
초콜릿 칩 2T

1   바닐라 아이스크림을 크고 동그랗게 한 스쿱 퍼서
    냉동실에 넣어둔다.

2   아이스크림을 다 감쌀 수 있는 크기의 비닐팩을
    준비한다.

3   비닐 위에 잘게 부순 그래놀라와 아몬드 슬라이스,
    초콜릿 칩, 시리얼을 섞어서 얇게 펼쳐놓는다.

4   플랫한 접시 전체에 그린티 파우더를 채에 걸러서
    잔디밭처럼 솔솔 뿌려준다.

5   냉동실에 모양을 잡아서 얼려두었던 아이스크림을
    2 위에 비닐팩으로 감싸주듯 꾹꾹 눌러준다.

6   5를 4의 중앙에 올려준다.

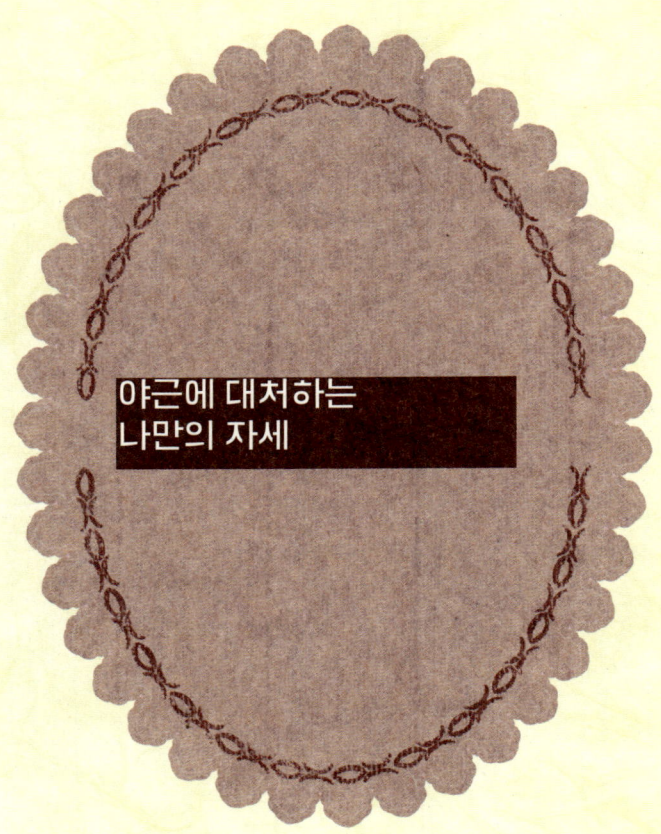

야근에 대처하는
나만의 자세

제가 하는 일을 주로 프로젝트를 맡으며 일이 새롭게 시작돼요.
일정에 맞춰서 일을 진행하고 마무리하는 게 중요하죠.
프로젝트가 시간적 여유 없이 시작되는 경우도 있고
업계가 특히 바쁜 크리스마스 시즌에는
워낙 일정이 타이트하게 돌아가기 때문에 야근은 피할 수 없는 일인데요.

그럴 때면 멀리서 배달 오는 중국음식이나 피자, 치킨을 시켜 먹는데요.
야근이 잦아지면 그것도 물리거든요.
그리고 손으로 작업하는 일이 많아지면
늦은 오후 시간에 다들 냉장고를 기웃거립니다.
사실 사무실 근처에는 밥집 몇 군데 말고는 아무것도 없어서
요기할 음식을 사 먹을 만한 곳이 없어요.
그래서 사무실에서 직접 음식을 해먹곤 해요.

떡볶이, 베이글 피자, 파스타를 해먹기도 하고,
비가 오면 부침개를 부쳐 먹기도 하고,
쌀쌀한 날씨에는 어묵탕이나 잔치국수를 해먹기도 해요.
그날 날씨나 분위기에 맞춰 맥주 한잔을 곁들이고
더욱 힘을 얻어 일할 때도 종종 있답니다.

한번 야근이 시작되면 일정이 끝날 때까지 이어지기에 힘들기는 하지만
열심히 일하다가 동료들과 함께 수다를 떨며 음식을 나눠 먹는
이 소소한 즐거움은, 야근에 대처하는 저만의 방법이 아닐까 싶어요.

불고기 샌드위치

든든한 한 끼로 손색 없는

가끔 밥 말고 색다른 메뉴를 먹고 싶을 때
카페나 샌드위치 전문점 못지 않은 비주얼로
든든한 한 끼를 해결할 수 있는
알찬 메뉴를 소개해드릴게요.
세계인이 사랑한다는 불고기가 들어간 샌드위치는
저만의 보양 메뉴랍니다.

재료
핫도그 빵 또는
치아바타 1개
소불고기 100g
양파 1/2개개
초록 피망 1/2개
스테이크 소스 1T
버터 2t
모차렐라 치즈 3~4T
고춧가루 또는
페페론치노 약간
소금, 후추 약간
식용유 약간

1   양파와 초록 피망을 길쭉하게 썰어둔다.

2   빵에 버터를 발라 프라이팬에 굽거나 전자레인지에
    15초 정도 돌리고, 고기는 소금, 후추로 밑간해둔다.

3   달궈진 프라이팬에 식용유를 살짝 두르고 고기를
    볶아준다.

4   고기가 반 정도 익었을 때 양파와 피망을 넣어서 같이
    볶다가 스테이크 소스를 넣어 볶아준다.

5   느끼한 맛을 잡아주기 위해 고춧가루나 페페론치노를
    솔솔 뿌려준다.

6   모차렐라 치즈를 골고루 뿌려주고 치즈가 다 녹으면
    빵 사이에 끼워 넣어준다.

예쁘게 담아 먹는 호떡

기름지고 달달한 간식이 마구마구 당기는 날
호떡이 떠오릅니다.
직접 만들어 먹기엔 너무 번거로운 메뉴인데요.
그러나 어느 마트나 편의점을 가든
미니 호떡을 발견할 수 있죠.
바로 이 미니 호떡도 플레이팅을 어떻게 하느냐에 따라
고급스러운 간식으로 변신한답니다.

재료
시판 미니 호떡
4~6개
버터 1T
꿀 2T
견과류 2T
계핏가루 1t

1 버터를 녹인 프라이팬에 미니 호떡을 노릇노릇하게
구워준다.

2 접시에 호떡을 올려놓은 후 꿀 한 스푼을 올려주고,
계핏가루를 솔솔 뿌려준 후 잘게 자른 견과류를
올려준다.

미니 호떡을 조금 더 고급스러워 보이도록
세팅하는 팁을 알려드릴게요.
만약 원형 접시에 담는다면
가운데를 산처럼 올리는 게 가장 쉽고 맛있어 보이는 방법이겠죠.
앞 장의 사진처럼 직사각 접시라면
호떡끼리 조금씩 겹쳐서 길게 늘어뜨려보세요.
견과류를 솔솔 뿌려주고 꿀 몇 방울만 똑똑 떨어뜨려주면
편의점이나 동네 마트에서 흔히 만날 수 있는 바로 그 호떡이
카페에서 팔아도 손색없는 맛과 비주얼로 변신!

민트 레모네이드

친한 언니가 맛있는 거 해준다고 해서 놀러가는 길.
레몬이랑 사이다를 사 가서
즉석에서 레모네이드를 만들어 먹었습니다.
패밀리 레스토랑에서 비싸게 파는 그 레모네이드에
절대 뒤쳐지지 않는 맛과 비주얼이었죠.
그 뒤로 레몬, 오렌지, 자몽이 있으면
언제든 휘리릭 만들어 먹는답니다.

재료
레몬 1/2개
민트 반 줌
사이다 혹은 탄산수
250~300ml

1   레몬과 민트를 깨끗이 씻어준다.

2   스퀴저로 레몬을 짜준다.

3   컵에 얼음을 2/3 정도 채워준다.

4   2의 레몬즙과 레몬을 넣어준다.

5   민트를 손이나 칼등으로 살짝 찧어서 넣어준다.

6   사이다 혹은 탄산수를 살살 따라준다.

7   빨대를 꽂아서 섞어준 후 맛나게 마신다.

과일에이드

한강에 놀러갔을 때 발견한 메뉴입니다.
치킨을 시키고 편의점에 음료수를 사러 갔는데
패밀리 레스토랑에서 파는 과일에이드를
간단하게 해먹을 수도 있겠다 싶었어요.
편의점만 있다면 언제 어디서나,
얼음컵과 생과일주스, 사이다만 준비해서
상큼한 생과일에이드를 즐길 수 있어요.

재료
생과일 주스 2/3병
사이다 혹은 탄산수
250~300ml

1 컵에 얼음을 2/3 정도 채워준다.

2 생과일주스를 1/3 정도 부워준다.

3 사이다 또는 탄산수를 살살 따라준다.

4 빨대를 꽂아서 섞어준 후 맛나게 마신다.

생과일주스의 함량을 내 맘대로 조절할 수 있다는 건
홈메이드만의 장점입니다.
한강에서는 플라스틱 빨대밖에 없어 아쉬웠는데
집에 여러 개 마련해둔 예쁜 빨대를 꽂아주면
훨씬 예쁜 생과일에이드가 완성돼요.
마음에 드는 디자인으로 골라두었던 유리컵들도
마음껏 비주얼을 뽐낼 시간입니다.

더블 수박 주스

싱글이라서 아쉬운 점 중 하나가
수박처럼 큰 과일을 사오면 남기게 된다는 겁니다.
물론 요즘엔 조각조각 잘라서 팔기도 하지만
어쩔 수 없이 남아나는 수박이 생기는데요.
그럴 땐 과감하게 믹서에 갈아줍니다.
그냥 먹기 심심하니 생크림이나 아이스크림을 올립니다.
아이스크림과 주스, 더블 메뉴를 한 컵에 즐겨보세요.

재료
수박 1컵
(컵에 담기는 만큼)
아이스크림 1스쿱
각종 콤포트 혹은
믹스베리 1T
얼음 약간

1   수박을 한입 크기로 잘라준다.

2   수박과 얼음을 믹서에 갈아 예쁜 유리컵에 따라주고
    생크림이나 아이스크림을 올려준다.

3   각종 콤포트나 과일을 곁들여 먹는다.

아이스 큐브 라테

별다방보다 엣지 있게

개성 있고 엣지 있는 아이스 큐브 라테.

친구가 카페에서 먹은 사진을 보고 처음 알게 되었는데요.

예쁘고 맛있어 보이는 음식을 보면

직접, 더 예쁘고 맛있게 만들어보고 싶어서 도전했습니다.

다양한 얼음 틀이 있다면 이 간단한 아이스 큐브 라테도

더 스타일리시하게 만들 수 있답니다.

재료

우유 200ml

블랙커피 믹스 1개

1   시중에 파는 블랙커피 믹스에 물 양을 1/3 정도만 넣어
    녹이고 향이 날아가지 않게 뚜껑을 덮어 식혀둔다.

2   식은 커피를 얼음 틀에 넣고 냉동실에 얼려준다.

3   꽁꽁 얼은 커피 얼음을 유리잔에 절반 정도 담은 후에
    찬 우유를 부어준다.

아이스 큐브가 녹으면서 색깔이
조금씩 변하는 걸 지켜보는 맛도 쏠쏠해요!
아이스 큐브에 찬물을 부어주면
아이스 아메리카노가 완성됩니다.
아이스 큐브가 녹을수록 커피 맛이 진해지니
취향에 따라 물과 우유 양을 조절해서 부어주세요.

❻ MY LOVELY KITCHEN TOOLS 1

예쁜 그릇과 키친 액세서리 구입하기 1

유럽으로 출장을 가면 한국에서는 구하기 어려웠던

다양한 소재와 컬러의 그릇 구경하는 재미에 푹 빠지곤 합니다.

요즘 직구 사이트가 워낙 잘 되어 있어

많은 브랜드의 상품을 인터넷으로 구매할 수 있지만,

꼭 유명한 브랜드가 아니어도

값싸고 예쁜 그릇이나 주방 용품은 얼마든지 많거든요.

발품 팔아가며, 혹은 우연히 들른 숍에서

마음에 쏙 드는 아이템들을 발견할 때,

퍽퍽한 출장 일정 중에도 힘이 나는 순간이랍니다.

그레이 스페출러

밀라노에 리빙숍에 들어갔다가 장만한 아이입니다. 스페출러는 어디에서나 쉽게 구입할 수 있지만, 이 스페출러는 실리콘 소재에 올 그레이 컬러, 심플한 디자인에 반해 단번에 장바구니에 담아왔습니다.

화이트 컬러 식기

암스테르담에 있는 미술관에 갔다가 기프트 숍에 들렀는데요. 거기에서 이 식기를 발견했어요. 얇은 세라믹 소재에 겉은 화이트 무광, 안쪽은 그레이 무광 컬러로 첫눈에 반해 고민 없이 바로 구입했습니다. 재질이 너무 얇아서 깨질까봐 고이고이 짐에 싸서 돌아온 기억이 나요. 화이트에 고급스러운 소재 느낌 대문에 그냥 아이스크림을 담아 먹어도 예뻐요. 조금 더 특별하게 아포가토를 해먹거나 요구르트에 과일을 얹어 먹어도 그릇이 예뻐서 더 맛있어지는 느낌이에요.

화이트 컬러 식기 세트

투박한 듯하면서도 귀여운 이 식기 역시 암스테르담에서
발견했어요. 세라믹 그릇이면서 세트로 작은 사이즈도 있
어서 파스타와 피클, 냉면과 쌈무, 라면과 김치 등 세트로
먹기에 안성맞춤. 역시 활용도가 높아 잘 쓰고 있어요.

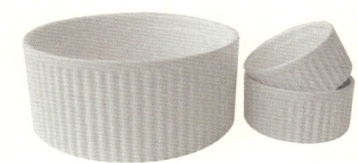

자(JAR) 스타일의 유리컵

요새 잼 용기 같은 유리컵에 음식을 담는 게 유행이죠?
저도 그렇게 색다른 병에 담아서 먹기를 즐깁니다. 이 병
은 암스테르담 출장 갔을 때 플라잉 타이거 코펜하겐에
서 구입한 컵이에요. 유리의 텍스처도 예쁘고 뚜껑과 빨
대 컬러도 마음에 들어 담아왔어요. 텀블러처럼 들고 다
니면서 먹기에도 편하고 좋아요. 플라잉 타이거 코펜하겐
은 유럽의 다이소 같은 느낌인데요. 그래서 잘 보면 예쁘
고 싼 물건을 득템할 수 있어요. 얼마 전에 우리나라에도
오프라인 매장을 열었으니, 예쁘고 아기자기한 아이템 좋
아한다면 들러보세요.

대리석 코스터

암스테르담에 한국의 가로수길 같은 거리가 있는데요, 신나게 구경 다니다가 들어간 소품 숍에서 발견한 이 아이! 무게 때문에 살까 말까 살짝 고민했어요. 하지만 고급스러움이 묻어나는 대리석이 너무 예쁘고 측면에 실버 컬러로 마무리한 부분까지 마음에 쏙 들어 데려오지 않을 수 없었어요.

스퀴저

저는 큰 과일보다는 레몬이나 라임같이 작은 과일을 짜서 쓸 일이 많은데요. 보통 스퀴저는 사이즈가 커서 사고 싶은 마음이 안 들었어요. 암스테르담 한 그릇 매장에 들어갔다가 발견한 이 스퀴저는 레몬이나 라임을 짤 때 딱 알맞은 사이즈라 반가워하면서 장만했습니다.

예쁜 유리병

유럽 출장 중에 숙소에서 마실 물을 사러 갈 때마다 음료 코너에 엄청나게 다양한 병이 진열되어 있던 게 기억나요. 그 규모에 압도당했는데 더 충격이었던 건 패키지가 너무너무 예뻤던 것. 제가 또 병 욕심이 있어서 예쁜 병을 모아두는데요. 마음에 드는 병을 골라 내용물은 마시고 빈 병은 깨질까 조마조마하며 한국까지 들고왔어요. 꽃 꽂아서 사용하면 화병이 따로 필요 없고, 심심한 공간에 무심하게 놓으면 인테리어 소품 역할을 톡톡히 한답니다.

우드 플레이트

음식을 플레이팅할 때 다양한 소재의 플레이트를 활용하죠. 제가 가지고 있는 것 중 네모나고 둥근 우드 플레이트는 분위기와 활용도 모두 만점 주고 싶어요. 샌드위치나 베이글 같은 빵 종류를 올려도 좋고, 카나페나 부르게스타를 올려도 좋고요. 다양한 종류의 햄과 치즈, 작은 유리볼에 올리브를 넣어 와인 안주 플레이팅을 해도 멋스러워요. 우드 트레이 위에 접시를 한 번 더 올려서 플레이팅하는 방법까지. 우드 플레이트의 활용도는 정말 무궁무진하답니다.

우드 용기

암스테르담은 정말이지 예쁜 키친 툴의 천국이었는데요. 우드 볼과 식기도 한눈에 반해 고이 모셔왔답니다. 보통 핑크색은 자칫 가벼운 느낌을 주기 쉬운데, 무광이라 고급스러운 느낌을 줬어요. 또 컬러를 매치하기에 어렵다고 생각했는데 안쪽이 우드로 되어 있어 생각보다 한식, 일식과도 잘 어울리더라고요. 가끔은 포인트 컬러를 테이블에 활용하는 것도 일상에 활력을 준답니다.

147

강된장 비빔밥

강된장 비빔밥. 이 메뉴는
제가 한창 과제로 전시를 보러 인사동에 다닐 때
자주 가던 밥집에서 즐겨 먹었어요.
제가 그 식당 된장의 깊은 맛을 따라할 수는 없겠지만
집에서 혼자 해먹기어 간편하고
영양이 있는 레시피를 소개할게요.

재료

된장 2T
두부 1/3모
양파 1/2개
표고버섯 2개
호박 1/3개
오이고추 1개
상추 3장
깻잎 5장
고춧가루 1/2T
다진 마늘 1T
다진 파 약간
참기름 약간
물 종이컵 1컵

1 양파, 호박, 표고버섯은 사방 1cm 크기로
   깍둑썰기해준다.

2 참기름을 두른 냄비에 1과 다진 마늘을 넣어 볶아준다.

3 야채가 반 정도 익었을 때 물을 부어준다.

4 된장을 넣어 풀면서 졸이듯 끓여준다.

5 고춧가루를 취향에 맞게 조절해 넣어준다.

6 오이고추와 깻잎, 상추를 씻어 먹기 좋은 크기로
   자르고 물기를 제거해준다.

7 된장이 반 정도 졸았을 때 두부를 1cm 크기로
   깍둑썰기해서 넣고 파를 넣어 5분간 더 끓여준다.

친한 언니와 곱창을 먹으러 갔다가 기름진 속을 달래줄
메뉴로 고른 게 바로 이 된장국수였습니다.
면을 좋아하기도 하지만 된장의 담백함에 홀딱 반해버린 거죠.
식사로도 괜찮을 것 같아서 집에서도 도전!
요즘은 주말 점심에 간단하고 든든한 한 끼로
종종 만들어 먹고 있어요.
매운 맛을 즐긴다면 청양고추를 한두 개 추가해보세요.

재료
된장 3T
멸치 10마리
두부 1/2모
양파 1/2개
표고버섯 2개
호박 1/3개
소면 1인분
다진 마늘 약간
파 약간
물 종이컵 5컵

1 끓는 물에 멸치를 넣고 15분 정도 끓이다가 멸치를
   건진 후 된장을 넣고 끓여준다.

2 두부와 양파, 호박, 표고버섯을 길게 채썰어준다.

3 파는 잘게 썰어놓는다.

4 1에 다진 마늘과 양파, 호박, 표고버섯을 넣고 5분 정도
   더 끓여준다.

5 끓이는 동안 소면을 끓여준다. 소면은 물이 끓으면
   넣어 8분 정도 삶아준다.

6 삶은 소면은 찬물로 씻어 전분기를 없애고 채에
   받쳐둔다.

7 4에 두부와 파, 소면을 넣어 3분 정도 끓여 완성한다.

장 볼 때 두부나 라면처럼
자주 먹는 음식은 무심결에라도 꼭 담게 되죠.
이렇게 한 가지 재료만 잘 활용해도
근사하게 만들 수 있는 메뉴는 많습니다.
방금 소개해드린 강된장 비빔밥과 된장 국수도
사실 냉장고에 야채가 동이 났을 때면
두부만 넣어 해먹기도 해요.
두부를 끓는 물에 데쳐서 엄마표 묵은 김치와
예쁘게 담아내면 두부김치가 완성되는데요.
한 가지 식재료를 활용한 메뉴,
싱글들에게는 더욱 요긴하겠죠?

초간단 콩나물밥

예전에 콩나물밥을 시도했다가 밥은 안 익고
콩나물은 죽이 되어 완전히 망친 기억이 있어요.
어떻게 하면 간단하게 만들 수 있을까 고민하다가
발견한 방법이에요.
밥이랑 콩나물을 같이 익히지 않아도 되어 쉽고,
언제든 바로 해먹을 수 있어요.
양념장은 냉장고에 숙성해두면 좋으니 먼저 만들어보세요.

재료
콩나물 한 줌
표고버섯 3개
다진 고기 50g
참기름 1t
진간장 5T
고춧가루 1t
다진 파 1T
다진 마늘 1t
소금, 후추 약간
식용유 약간

1 다진 마늘, 다진 파, 고춧가루, 간장, 참기름을 잘
   섞어서 양념장을 준비해둔다.

2 버섯은 먹기 좋게 썰어두고, 끓는 물에 소금을 살짝
   넣고 콩나물이 아삭할 때까지 끓여준다.

3 식용유를 두른 팬에 버섯을 볶다가 다진 고기와 소금,
   후추를 살짝 뿌려 간한다.

4 옴폭한 큰 그릇에 밥을 봉긋하게 담아준다.

5 콩나물, 버섯을 올리고 다진 고기를 올려준다.

6 1의 양념장을 넣어가며 간을 맞춰 먹는다.

부모님께 밥 한 끼 만들어드리 고 싶은 날.
어르신들을 모시고 간단하게 식사를 해야 할 때,
깔끔하고도 영양가 있는 메뉴로
당당하게 콩나물밥을 추천하고 싶어요.
양념장을 만들 때 채썬 파 대신
부추를 넣어줘도 좋습니다.
양념장은 작은 종지에 담아서
작은 스푼과 함께 내면 센스가 더욱 돋보이겠죠?

콩나물 야채 라면

제가 끓이는 라면은 시원하고 담백한
국물 맛이 장점이에요.
심지어 건강해질 것 같은 맛이 나요.
집에 있는 햄이나 소시지를 곁들이면
맛도, 비주얼도 업그레이드!
청양고추를 한두 개 넣어보세요.
얼큰한 해장 라면이 완성됩니다.

재료
라면 1개
콩나물 한 줌
파 1/2대
파프리카 1/2개
고춧가루 약간

1   정량에 20% 정도의 물을 더 넣어서 라면을 끓여준다.

2   면이 반 정도 익었을 때 콩나물을 넣어준다.

3   라면이 다 익을 때쯤 파프리카, 파, 고춧가루를
    넣어준다.

4   면을 먼저 담고 그 위에 콩나물을 듬뿍 올려낸다.

김치찌개 라면

중국 출장을 길게 다녀온 적이 있어요.
일정이 길어지다 보니 한국음식이 그리워
자주 찾아갔던 한국 식당의 대표 메뉴!
생각보다 맛이 좋아 자주 먹었는데
한국에 와서도 자꾸 생각나서 종종 끓여 먹는답니다.
김치찌개는 오래 끓일수록 깊은 맛이 나죠?
시판으로 나오는 김치찌개에 끓여 먹어도 좋고,
엄마가 보내주신 김치로 끓였는데
혼자 먹기에 양이 많아 남겨뒀던 김치찌개가 있다면
꼭 한 번 도전해보세요.

재료
라면 1개
김치 1/4포기
청양고추 2개
콩나물 한 줌
양파 1/2개
파 1/2대
고춧가루 약간
물 종이컵 6컵
식용유 2T

1 김치와 양파를 먹기 좋은 크기로 썰어준다.

2 식용유를 두른 냄비에 1을 볶아준다.

3 5분 정도 볶다가 물을 붓고 라면 스프를 80% 정도 넣어준다.

4 찌개가 끓으면 면과 파를 넣고 면이 익을 때까지 끓여준다.

예쁜 그릇과 키친 액세서리
구입하기 2

예쁜 그릇과 키친 액세서리를 향한 사랑은

출장지에서뿐만 아니라 일상에서도 멈출 수 없습니다.

주말에 복합 쇼핑몰이나 마트의 생활용품 코너에서,

소재 구하러 시장 조사차 나간 방산시장이나 고속터미널 등

어느 곳에서나 예쁜 아이템들은

얼마든지 발견할 수 있으니까요.

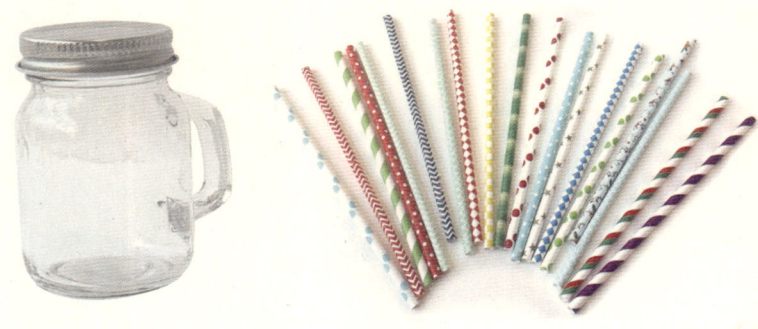

미니 유리 자

일 때문에 방산시장에 갔다가 캔들 재료 파는 곳에서 구입했습니다. 캔들 만드는 용도로, 손바닥만하게 작은 유리컵인데요. 저는 디저트를 담아 먹기에 좋을 것 같아서 샀어요. 티라미수나 바나나 푸딩을 미리 만들어서 냉장 보관했다가 친구들이 오면 한 개씩 줘도 좋고요. 피크닉 갈 때 갖고 나가서 먹기에도 간편한 아이템이이요.

빨대

카페에나 있을 거 같지만 요즘은 구하기가 쉽더라고요. 저는 제과 제빵에 관한 모든 재료를 파는 가게에 갔다가 샀는데요. 리빙 소품 브랜드에서 많이 판매하고 있어 쉽게 구입할 수 있는 아이템이에요. 아이스 아메리카노, 생과일 주스, 과일에이드, 탄산음료 마실 때 하나씩 사용하면 알록달록한 컬러에 기분까지 좋아진답니다.

스테인리스 그릇

스테인리스 소재 그릇도 세트로 구비해두면 요긴합니다. 이 아이는 리빙 디자인 페어에 갔다가 득템했어요. 소스를 사랑하는 저는 미니 사이즈도 종류 별로 장만했는데요. 화이타나 퀘사디아처럼 소스가 다양한 음식 먹을 때 사용하면 안성맞춤! 팬케이크나 케이크 같은 디저트를 담아서 먹어도 예뻐요.

주물팬

한때는 고급 주방용품의 상징이었던 주물팬이 요즘은 저렴하게, 미니 사이즈로도 많이 나오더라고요. 이 주물팬은 라이프스타일 브랜드 자주에서 저렴하게 구입했는데요. 블랙 컬러 때문에 바닐라 아이스크림이 들어가는 디저트를 담으면 매력적이더라고요. 달걀 프라이를 해도 앙증맞고 오일이 많이 들어가는 감바스 알 아히요를 하기에 딱 좋은 사이즈예요.

완제품 돈가스로 만드는

일본식 덮밥 가츠동

친한 언니네 집에 놀러 가면
둘이서 장을 봐 와서 이것저것 요리해 먹어요.
일본식 가츠동도 단골 메뉴 중 하나!
시중에 파는 완제품 돈가스에 쯔유만 있다면
누구나 그럴듯하게 완성할 수 있는 메뉴예요.

재료
시판 돈가스 1장
밥 1공기
양파 1/2개
숙주 한 줌
달걀 1개
쯔유 또는 진간장 3T
설탕 3T
미림 3T
파 약간
식용유 약간

1 돈가스는 앞뒤로 노릇노릇하게 튀겨준다.

2 양파, 대파를 먹기 좋은 크기로 잘라두고 숙주도
    크게 한 줌 씻어두고 달걀도 한 개 풀어둔다.

3 쯔유, 설탕, 미림을 섞어 간을 확인하고 취향에 맞게
    간장이나 설탕을 더한다.

4 프라이팬에 식용유를 두르고 양파와 숙주를 넣어
    볶다가 양파가 투명해지면 준비한 소스를 뿌려준다.

5 볶은 야채에 달걀을 부으며 휘저어준다.

6 튀겨둔 돈가스를 먹기 좋은 크기로 썰어준다.

7 그릇에 밥을 담고 5, 돈가스, 파를 순서대로 올려준다.

일본식 덮밥 오야코동

가츠동의 바삭한 맛을 사랑하지만
오야코동의 부드러움 또한 포기할 수 없습니다.
특히 달걀을 따로 익혀 올려주면
부드러움은 배가되는데요.
이 레시피를 따라해보시면
그 부드러운 맛에 반하실지도 몰라요.

재료

닭안심 또는
닭가슴살 100~150g
밥 1공기
양파 1/2개
숙주 한 줌
달걀 2개
쯔유 또는 진간장 3T
설탕 3T
미림 3T
식용유 약간
파 약간

1 닭고기를 먹기 좋은 크기로 썰어 소금, 후추로 밑간한 뒤 식용유를 두른 프라이팬에 볶아준다.

2 그 사이 양파를 먹기 좋은 크기로 채썰고 숙주도 씻어둔다. 파는 송송 썰어두고 달걀도 풀어둔다.

3 쯔유, 설탕, 미림을 섞어 간을 확인하고 취향에 맞게 간장이나 설탕을 더한다.

4 닭고기를 찔러봤을 때 거의 다 익었다면 양파와 숙주를 넣어 볶아준다.

5 양파가 투명해지면 3을 넣어준다.

6 볶은 닭고기와 야채를 먼저 밥 위에 올려주고 달걀은 스크램블로 익혀 따로 얹어준다.

7 썰어둔 파를 올려 완성한다.

일식을 좋아해서 자주 먹으러 가는데요.

덮밥 종류는 집에서 해먹기 쉬울 것 같아 도전했는데,

쯔유만 있다면 비슷한 맛을 낼 수 있더라고요.

고기도 취향대로 삼겹살, 목살, 불고기, 오리고기 등

골라 만들 수 있어 집에서 먹는 일본식 덮밥이 매력있답니다.

우선 식감이 살아 있는 가츠동을 만드는

저만의 비결이 있습니다.

양파를 소스와 함께 잘 익혀서

밥 위에 올려주는 게 보통의 가츠동인데요.

저는 숙주를 함께 볶아줘요.

숙주는 볶아도 아삭아삭 씹히는 식감이 살아 있고

일본식 덮밥 소스와도 아주 잘 어울립니다.

다음엔 비주얼 팁인데요.

옴폭한 볼에 밥을 봉긋하게 담고,

달걀과 야채볶음, 돈가스나 닭고기를 순서대로 올립니다.

대파를 얇게 썰어 그 위에 올려주면 완성!

보통 가츠동은 튀긴 돈가스를 소스에 같이 끓이다가

밥 위에 얹어 먹는 게 정석이죠.

저는 튀김은 바삭하게 먹어야 한다고 주장합니다.

게다가 바삭한 돈가스 질감이 살아 있으면

시각적으로 더 맛있어 보인다는 사실!

달걀은 완전히 익히지 말고 약간 덜 익었다 싶을 때

뜨거운 밥 위에 올려주세요.

그래야 몽글몽글한 질감도 살아 있고

더 부드럽게 먹을 수 있답니다.

카레 우동

잦은 출장, 특히 기간이 길 때면 조리가 가능한 숙소를 예약합니다.
누군가는 출장 가서 요리까지 하냐고 묻지만
저는 현지 마트에 가서 그 나라에만 있는 식재료를 보는 재미
또 패키지가 예쁜 것들을 하나둘 사 모으는 재미,
그 소소한 기쁨을 놓치지 않는답니다.
카레는 전 세계 어디를 가나 해먹을 수 있는 메뉴죠.
밥, 면은 그날 당기는 걸로 선택하세요.

재료
고형 카레 1인분 분량
우동 면 1개
닭가슴살 1덩어리
토마토 1개
감자 1/2개
양파 1/2개
당근 1/2개
새송이버섯 3송이
소금, 후추 약간
식용유 약간
버터 한 스푼
물 종이컵 5컵

1 닭고기와 야채들을 큼직큼직하게 썰어준다.

2 닭고기에는 소금, 후추를 뿌려 둔다.

3 끓는 물에 소금 살짝 뿌리고 감자를 10분 정도 삶아서 건져둔다.

4 냄비에 식용유를 두르고 닭고기를 볶아준다.

5 닭고기가 익으면 양파, 삶은 감자, 당근, 버섯을 넣어 5분 정도 볶아준다.

6 물을 부어준 후 카레를 넣어 풀어주며 뭉근히 끓여준다. 눌어붙지 않도록 잘 젓다가 토마토를 넣어준다.

7 다른 냄비에 우동 면을 삶아서 채에 물기를 빼준다.

8 그릇에 면을 먼저 담아주고, 카레를 건더기와 함께 골고루 담아 후추를 뿌려준다.

2주 동안 유럽 출장을 다녀왔는데요.

매 끼니를 사 먹는 것도 불편해서 이번에는 고형 카레를 챙겨갔어요.

출장 가면 마트에 들러 구경하는 걸 좋아합니다.

이름 모를 특이한 모양새의 야채도 많고요.

토마토나 양파도 종류가 다양해서 골라서 맛보는 경험도 했어요.

싱싱해 보이는 새송이, 양파, 감자, 시금치, 토마토

이렇게 갖가지 야채를 듬뿍 넣고

큰 냄비에 국물 많이 잡아

챙겨간 카레를 풀고 한참 끓였습니다.

분명 12인분이었는데 여섯 명이 다 먹어버렸어요.

출장지였기 때문에 플레이팅에 신경 쏠 수 없었지만

카레라이스의 맛만큼은 잊혀지지 않는답니다.

175

밀푀유 나베

이제는 국민 집들이 메뉴

인스타그램을 하다 보면
밀푀유 나베는 이제 국민 집들이 메뉴가 된 듯해요.
잘 알려지지 않았을 때부터
집에서 밀푀유 나베를 만들어 먹었기에,
그리고 맛과 비주얼 모두 실패할 수 없는 메뉴이기에
여러분들께도 소개해드리고 싶어요.

재료
샤브샤브용 고기
100~150g
깻잎 10장
배추 5장
느타리버섯 한 줌
표고버섯 2~3개
두부 1/3모
대파 1대

육수용
물 종이컵 3컵
멸치 10마리
다시마 3장

1 냄비에 물, 멸치, 다시마를 넣고 육수를 끓여준다.

2 밑이 판판하고 깊지 않은 전골용 냄비를 준비한다.

3 냄비의 두께를 파악하고 높이에 맞게 배추, 깻잎, 고기를 겹쳐서 잘라준다.

4 냄비에 바깥쪽부터 둘러가며 넣어 냄비를 채워준다.

5 가운데는 나머지 재료들을 꽂아준다.

6 육수를 붓고 끓여준다.

밀푀유 나베는 잘 익은 고기와 야채를
찍어먹는 소스맛도 중요해요.

**진간장 5T, 다진 마늘 1t, 다진 고추 1t,
식초 또는 레몬즙 1T, 물 5T**

위의 소스 재료를 모두 함께 넣고 섞어주면
새콤한 소스가 완성됩니다.

밀푀유 나베는 아무래도
비주얼만으로도 압도당하는 요리이다 보니
잘 포개둔 고기와 야채를 어떻게 담느냐가 관건인데요.
냄비 높이가 조금 깊다면
바닥에 숙주를 풍성하게 깔아주세요.
그리고 고기와 야채를 자른 면이 위로 올라가도록 놓아야
모양이 잘 잡힌 밀푀유 나베를 만들 수 있답니다.

스키야키

밀푀유 나베가 쉽게 만들 수 있을 정도로 익숙해졌다면
그보다 더 쉽지만 더 맛있는 메뉴를 소개해드릴게요.
밀푀유 나베와 함께 일식 전골 요리의
양대 산맥이라고 불리는 스키야키!
혼자 먹기에도 간편하고
많은 사람이 모일 때도 재료만 풍성하게 손질해두면
무한 리필해먹는 재미까지 느낄 수 있답니다.

재료
샤브샤브용 고기
100~150g
알배추 반 통
숙주 한 줌
청경채 3~5개
버섯 원하는 종류
한 줌씩
달걀 1개

1 냄비 바닥에 숙주를 깔아준다.

2 버섯과 야채들을 씻은 후 적당한 크기로 잘라 냄비에
   풍성하게 담아준다.

3 물, 쯔유, 설탕, 미림을 1:1:1:1 비율로 섞어서 소스를
   준비한다.

4 앞접시에 달걀을 잘 풀어준다.

5 3을 조금씩 부어 끓이면서 고기와 야채를 익힌 뒤
   풀어둔 달걀에 찍어먹는다.

스키야키는 소스를 자작하게 부어서
고기와 야채를 그때그때 익혀 먹는 요리에요.
물, 쯔유, 미림, 설탕을
모두 동일한 비율로 섞고 잘 섞어주세요.
간단하게 소스가 완성됩니다.
또 소스맛이 골고루 배어든
고기나 야채를 막 건져내면 정말 뜨겁죠.
그대로 드시지 말고 신선한 달걀 하나를 잘 풀어서
한번 푹 담갔다가 드셔보세요.
뜨거운 기운도 가시고 고소한 맛을 더해줘요.

샤브샤브나 전골 같은 국물 요리의 백미는 바로
마지막까지 추가해 먹는 사리 아닐까요?
샤브샤브의 경우 보통 칼국수를 추가해 먹고
마무리로 죽까지 끓여먹는 게 정석이죠.
일본식 샤브샤브인 밀푀유 나베도 같은 코스로 드시길 추천합니다.
스키야키의 경우 국물맛이 더 진하고 간간하기 때문에
조금 더 오동통한 우동 면이 잘 어울린답니다.
우동을 반 정도 먹으면 달걀 한 알을 풀어주세요.
고소하고 부드러운 맛의 우동을 즐길 수 있어요.

**쉬어 가고 싶었던 레스토랑,
이탈리아 10 꼬르소꼬모**

CORSO COMO

꼬르소꼬모는 볼 것으로 넘쳐나는 밀라노에서도
다양한 볼거리를 제공함을 보장하는 곳.
좁은 문을 통과해 들어가면
건물에 둘러싸인 안쪽 공간이 등장하는데요.
하늘까지 쭉 뚫려 있습니다.
우리나라의 꼬르소꼬모가 도시적이고 모던하다면
밀라노의 꼬르소꼬모는 오랜 세월이 느껴지는
편안함을 주는 정원 같은 공간이었어요.
레스토랑을 둘러싼 주변 건물들에
넝쿨 식물들이 그 세월을 느껴주게 하고 신비감을 주죠.

나이가 들면서 도시적인 것보다

이렇게 식물이 어우러진 안락한 공간이 좋아져요.

또 새로 지은 건물보다 예전의 모습을 그대로 살린

조금은 투박하지만 자연스러운 공간에서

더욱 편안한 감정이 드는 것도 사실이에요.

다양한 볼거리가 있음을 보장한다고 했듯

레스토랑이 있는 1층 옆 공간에는 편집숍이 위치해 있습니다.

2층으로 올라가면 패션, 디자인, 인테리어 등의

전문 서적을 판매하는 서점과 갤러리가,

옥상에는 탁 트인 옥상 정원이 있어

햇살을 받으며 휴식을 취하는 사람들을 볼 수 있어요.

음식이 맛있어서 오래 앉아 있고 싶은,

레스토랑 역시 출장의 강행군 속에

쉬어가고 싶다는 기분이 들게 하는 공간이었습니다.

한국에서도 자주 먹는 피자와 파스타였는데도

역시 본토의 맛은 훌륭했어요.

이태리에서 먹은 피자와 파스타 맛은 못 잊을 맛이라고 하죠.

저도 그 음식들이 그리워질 때

현지에서 사온 면으로 파스타를 만들곤 해요!

토마토 샐러드 파스타

새콤달콤한 맛이 매력적인

파스타를 좋아하는 저는
간단하게 숟가락으로 떠먹을 수 있는
숏파스타도 즐겨 먹는데요.
새콤달콤한 소스 맛에 질리지 않고
계속 손이 가는 매력 만점 파스타예요.

재료
파스타 1인분
토마토 1/2개
양파 1/3개
파프리카 1/3개
레몬즙 1개 분량
설탕 3T
올리브오일 5T
파슬리 가루 약간
소금, 후추 약간

1 끓는 물에 소금을 넣고 파스타를 삶아준다.

2 각종 야채는 씻어서 잘게 잘라준다.

3 올리브오일, 레몬즙, 설탕, 파슬리 가루, 소금, 후추를
   넣어 골고루 젓다가 2를 넣고 한 번 더 섞어준다.

4 차게 식힌 파스타를 3에 넣고 버무려 먹는다.

명란 크림 파스타

우리나라에는 워낙 파스타 레스토랑이 많습니다.

또 우리나라 고유의 식재료를 활용한,

이탈리아에도 없다는 파스타 메뉴가 인기죠.

그중에서도 고소하고 짭짤한 맛에 반해

집에서 해먹는 메뉴가 있는데

바로 명란 크림 파스타!

젓갈이 먹기 좋게 포장되어 나오니

만들어 먹기도 간편해요.

재료

파스타 1인분
마늘 슬라이스 2T
시판 크림소스 1인분
우유 종이컵 1/2컵
명란젓 한 알
깻잎 또는 김 약간
후추 약간

1   끓는 물에 소금을 넣고 파스타를 삶아준다.

2   명란젓은 비닐을 제거해 알만 준비해둔다.

3   올리브오일을 두른 팬에 마늘 슬라이스를 볶아준다.

4   시판 크림 소스를 넣고 우유로 농도와 간을 맞춰준다.

5   4에 파스타와 명란젓을 넣고 뭉치지 않도록 잘 볶아준다.

6   후추를 살짝 뿌려준다.

7   깻잎이나 김을 얇게 잘라 고명으로 얹어준다.

건강 샐러드 파스타

상큼한 샐러드가 먹고 싶은데
샐러드만으로는 끼니를 때우기가 아쉬울 때
제가 즐겨 먹는 메뉴입니다.
닭가슴살과 신선한 야채를
듬뿍 올려주는 게 포인트인데요.
각종 영양소가 풍부해
든든한 한 끼를 해결해줘요.

재료

파스타 1인분
닭가슴살 1덩어리
느타리버섯 한 줌
파프리카 1/2개
피망 1/2개
양상추 3~4장
오리엔탈 드레싱 7T
허브솔트,
소금, 후추 약간
올리브오일 약간

1 끓는 물에 소금을 넣고 파스타를 삶아준다.

2 닭가슴살은 칼집을 내고 허브솔트와 후추를 솔솔
뿌려서 재워둔다.

3 각종 야채는 씻어서 길쭉하게 잘라주고, 버섯은
올리브오일을 두르고 소금을 살짝 뿌려 볶아준다.

4 올리브오일을 두른 프라이팬에 닭가슴살을 넣어
뚜껑을 덮고 중불에서 굽다가 뒤집어준다.

5 고기를 굽는 동안 면을 삶아 채에 받쳐 물기를 빼낸다.

6 양상추를 밑에 깔고 가운데에 면을 동그랗게 말아놓고
가장자리에 파프리카와 버섯을 두른다. 면 위로 구운
닭가슴살을 썰어서 올려준다.

7 오리엔탈 드레싱을 곁들여 먹는다.

까수엘라 파스타

집에서 맛보는 스페인 요리

스페인 레스토랑에서 감바스 알 아히요를 먹던 날,
오일 가득한 메뉴임에도 빵에 찍어 먹으니
짭짤하고 고소한 게 느끼하지 않고 맛있더라고요.
파스타로 먹어도 맛있겠다고 생각해 도전해봤어요.
실제로 레스토랑에도 있는 메뉴인데,
올리브오일을 넉넉히 넣고
짭짤하게 만들어 빵과 곁들여 먹는 걸 추천해요.

재료
파스타 1인분
새우 10~12마리
관자 8~10개
마늘 슬라이스 8개
페페론치노 10알
소금 1t
후추 1/2t
파슬리 가루 약간
올리브오일 7T

1 끓는 물에 소금을 넣고 파스타를 삶아준다.

2 올리브오일을 두른 프라이팬에 마늘 슬라이스와
   페페론치노를 넣고 중불에 볶아준다.

3 마늘이 다 익었을 때쯤 새우와 관자를 넣고 소금,
   후추를 뿌려 센 불에 빨리 익혀준다.

4 파스타를 넣고 파슬리 가루를 뿌려 한 번 더 볶아준다.

떠먹는 가지 라자냐

지인 분께 초대받았을 때
이탈리안 스타일로 가지 요리를 해주신 걸
너무나도 맛있게 먹은 기억이 아직도 남아 있어요.
레스토랑에서도 애피타이저로 비슷한 요리를 먹고
또 한 번 반했답니다.
그래서 저만의 방법으로 간단하게 만들어봤어요.
와인 한잔 마실 때 아주 잘 어울려요.

재료
가지 1개
모차렐라 치즈 10T
토마토소스 10T
파슬리 가루 약간
소금, 후추 약간
올리브오일 약간

1 가지는 1cm 두께로 반듯하게 잘라준다.

2 프라이팬에 올리브오일을 두르고 가지를 올린 뒤 소금,
   후추를 뿌려 구워준다.

3 오븐용 그릇에 토마토소스, 가지, 치즈를 깊이에 맞춰
   층층이 쌓아주고 치즈 위에 파슬리 가루를 뿌려준다.

4 180도 오븐에 15분 정도 구워준다.

치즈가 사방으로 녹아내리는
비주얼이 환상적인 대표적인 요리 라자냐를
집에서 시도해보지 않은 건 아닙니다.
그런데 라자냐에 들어간다는 베사멜소스 만들기도 복잡하고,
라자냐 면을 삶기도 쉽지 않더라고요.
라자냐 먹기 위해 면을 따로 구비해두는 것도 번거롭고요.
그래서 대안으로 생각한 게 바로 가지!

가지를 먹기 좋은 크기로 잘라서 면 대신
가장 밑바닥과 각종 재료 사이사이에 깔아주기만 하면
숟가락으로도 떠 먹을 수 있는 라자냐가 완성되는데요.
번거롭게 소스를 만드는 과정 대신
시판 토마토소스와 크림소스로 대체했는데도
엄지가 척 올라가는 맛!
이미 야채와 고기는 다 익었기 때문에 오븐이 없다면
전자레인지에 치즈가 녹을 정도로 돌려주세요.
근사한 이태리 스타일 라자냐, 집에서도 문제없답니다!

아직은 낯선 식재료
쉽게 구하기

다양한 국적의 음식을 소개하다 보니
이 재료들을 다 어디서 샀는지 궁금할 수 있을 것 같아요.

우선 디저트 만들 때 사용한
생크림 스프레이, 마스카포네 치즈, 각종 파우더 등은
대형 마트에 가면 쉽게 구할 수 있답니다.
특히 데커레이션으로 많이 활용하는 각종 파우더 종류나
슬라이스 아몬드, 초콜릿 칩, 토핑 재료를
예전에는 방산시장에서 주로 구할 수 있었는데요.
요즘엔 인터넷에서 소량으로 구입할 수도 있어요.

우리 음식에는 잘 사용하지 않는 고수, 민트, 바질 등 허브나
각종 향신료, 소스 역시 대형 마트에 가면 쉽게 구할 수 있는데요.
SSG 마켓같이 생소한 식료품을 판매하는 식품 전용 마트에 가면
제가 이태리 출장에서 사온 컬러풀한 파스타 면이나
세계 각국의 다양한 향신료, 갖가지 종류의 허브도
쉽게 구할 수 있답니다.

랩 푸드 화이타

멕시칸 요리 전문점이나
패밀리 레스토랑에서 먹던 화이타를
집에서도 근사하게 만들어 먹을 수 있어요.
알록달록한 색깔도 예뻐서
기분까지 좋아지는 메뉴인데요.
손님 초대상 메뉴로, 피크닉 메뉴로도 추천합니다.

재료
토르티야 2~3장
소고기 50g
닭가슴살 50g
새우 50g
양파 1/2개
파프리카 1/2개
피망 1/2개
파슬리 가루 약간
소금, 후추 약간
식용유 약간

1   소고기나 닭가슴살, 새우 중 원하는 재료와 각종 야채를
    길쭉하게 썰어든다.

2   고기에 소금, 후추, 파슬리 가루를 뿌려서 재워둔다.

3   식용유를 두른 프라이팬에 2를 넣고 볶아준다.

4   식용유를 두른 프라이팬에 각종 야채를 넣고 볶아준다.

5   3과 4를 접시에 담고 전자레인지나 프라이팬에 살짝
    데운 토르티야에 싸 먹는다.

멕시칸은 다양한 소스가 포인트죠.

제가 즐겨 먹는 소스의 간단 버전 레시피를 공개합니다.

1. 과카몰리

잘 익은 아보카도 껍질을 제거한 후 반만 잘라 으깬 뒤 다진 양파 1/4개, 잘게 다진 고수 약간, 소금, 후추 1/2t, 레몬즙 1T 를 넣고 잘 섞어줍니다.

2. 살사소스

토마토소스 3T에 잘게 다진 토마토 1T, 잘게 다진 파슬리를 약간 넣어 섞어줍니다. 핫소스를 1T 정도 추가해도 맛있어요.

3. 망고 살사소스

망고 그대로를 얼린 망고 바 아이스크림 1개, 레몬즙 2T, 소금, 후추 1t, 다진 파슬리 약간을 넣어 섞어줍니다. 특히 새우와 잘 어울려요.

4. 플레인 요구르트

한번 사면 너무 양이 많고 유통기한도 짧아서 저는 사워크림 대신 플레인 요구르트를 곁들여 먹습니다.

토마토와 양파를 잘게 다지는 게 번거롭다면
시판 토마토소스만으로도 충분히 맛있게 먹을 수 있어요.
사워크림이 없다면 달지 않은 플레인 요구르트로 대체해보세요.
플레인 요구르트를 멋스럽게 짜주고 싶은데 짤주머니가 없다면
지퍼백을 활용해보세요.
요구르트를 몇 스푼 담고 끝부분을 뾰족하게 잘라주면 됩니다.
화이타에 앞서 소개해드린 생과일 에이드를 곁들인다면
정말이지 레스토랑 부럽지 않은 테이블 탄생!

멕시칸 피자 퀘사디아

저에게 퀘사디아는
피자의 멕시코 버전이라고 생각됩니다.
피자 도우는 집에서 만들기에 번거롭고 어려워
선뜻 엄두가 안 나는데요.
퀘사디아는 마트에서 쉽게 구할 수 있는
토르티야로 만들 수 있어 간편하고 좋아요.
화이타소스를 곁들여 먹으면 더욱 맛있답니다.

재료

토르티야 2장
피자 치즈 5T
토마토소스 5T
닭가슴살 한 덩어리
양파 1/2개
파프리카 1/2개
피망 1/2개
플레인 요구르트
약간
소금, 후추 약간
식용유 약간

1 양파, 피망, 닭가슴살은 사방 1cm 크기로 깍뚝썰기하고
   닭가슴살에는 소금, 후추를 뿌려둔다.

2 식용유를 두른 프라이팬에 1을 볶아준다. 다 익으면
   그릇에 옮겨 담는다.

3 식용유를 두른 프라이팬에 썰어둔 야채를 넣고 소금,
   후추로 간해 볶아준다.

4 토르티야 위에 피자 치즈를 골고루 뿌리고 2와 3을
   올린 뒤 토마토소스를 발라준다.

5 피자 치즈를 골고루 뿌리고 토르티야 한 장으로
   덮어준다.

6 180도 오븐에 10분 정도 구워준다.

베스트 소스 과카몰리

친한 친구들이 저를 '소스녀'라고 부를 만큼
저는 소스를 좋아하는데요.
특히 멕시칸 요리에 빼놓을 수 없는
과카몰리를 사랑합니다.
나초에 찍어 먹어도, 빵에 발라먹어도 맛있고
샐러드와 함께 먹어도 잘 어울려요.

재료
잘 익은 아보카도 1개
레몬즙 레몬 1개 분량
토마토 1개
양파 1/2개
고수 약간
소금, 후추 1t

1 아보카도는 껍질과 씨를 제거하고 잘게 썰어 으깨준다.

2 양파는 잘게 다져 찬물에 10분간 담갔다가 물기를
   제거해준다.

3 토마토는 씨를 제거하고 잘게 다져준다.

4 고수는 잘게 다져준다.

5 으깬 아보카도에 2, 3, 4를 넣어 잘 섞어준다.

6 5에 레몬즙을 넣어 잘 섞어준다.

해산물 팟타이

제가 소개하는 모든 레시피에 해당하지만
역시 직접 해먹는 요리의 가장 큰 장점은
좋아하는 재료를 마음껏 추가할 수 있다는 것.
소스만 있다면 세계인이 사랑하는
태국식 볶음 쌀국수를 집에서도 즐길 수 있답니다.
피클과 같이 먹어도 닷있어요.

재료

해선장 3T
스리라차소스 1T
쌀국수 1인분
해산물 믹스 한 줌
숙주 한 줌
파프리카 1/2개
피망 1/2개
양파 1/2개
다진 마늘 1t
땅콩가루 약간
달걀 1개
식용유 약간

1 쌀국수를 끓는 물에 3분 삶아 건져 채에 받쳐둔다.

2 해산물 믹스와 숙주는 흐르는 물에 씻어준다.

3 파프리카와 양파, 피망을 먹기 좋은 크기로 썰어둔다.

4 달군 프라이팬에 식용유를 두르고 해산물 믹스와
   다진 마늘을 넣고 소금, 후추를 뿌려서 볶아준다.

5 해산물이 어느 정도 익으면 3과 숙주를 넣어 볶아준다.

6 불려놓은 쌀국수를 넣고 해선장과 스리라차소스를
   넣어준다.

7 소스가 배도록 골고루 섞으며 볶아준다.

8 달걀을 스크램블해서 볶음 쌀국수 위에 올리고
   땅콩가루를 뿌려준다.

해산물 칠리 볶음밥

해산물 팟타이를 만들 때 필요한
소스 두 가지만 있다면
집에서도 별미로 칠리 볶음밥을 해먹을 수 있어요.
들어가는 재료는 기본적으로 양파와 숙주 같은
태국식 볶음 요리에 자주 쓰이는 것들인데요.
여기에 해산물이나 육류를 취향대로 곁들여보세요.

재료
해선장 1T
스리라차소스 3T
밥 1인분
해산물 믹스 한 줌
숙주 한 줌
파프리카 1/2개
피망 1/2개
양파 1/2개
다진 마늘 1t
땅콩가루 약간
후추 약간
식용유 약간

1 해산물 믹스, 숙주는 흐르는 물에 씻어둔다.

2 파프리카와 양파, 피망을 먹기 좋은 크기로 썰어둔다.

3 달군 프라이팬에 식용유를 두르고 다진 마늘, 해산물
   믹스를 넣고 소금, 후추를 뿌려서 볶아준다.

4 해산물이 어느 정도 익었을 때 2와 숙주를 넣어
   볶아준다.

5 야채가 반 정도 익었을 때 밥을 넣고 해선장,
   스리라차소스를 넣어 볶아준다.

6 밥이 골고루 다 볶아졌을 때 땅콩가루와 후추를 솔솔
   뿌려서 마무리해준다.

싱글 테이블

2016년 10월 5일 초판 1쇄 발행

지은이 | 김소현
펴낸이 | 이동은

편집 | 박현주

펴낸곳 | 버튼북스
출판등록 | 2015년 5월 28일(제2015-000040호)

주소 | 서울시 동작구 현충로 151, 109-201
전화 | 02-6052-2144
팩스 | 02-6082-2144